AF341159

APPLICATIONS

DES

SCIENCES NATURELLES

A L'AGRICULTURE.

APPLICATIONS

SCIENCES NATURELLES

A L'AGRICULTURE.

CHAPITRE PREMIER.

ALLIANCE DE LA THÉORIE ET DE LA PRATIQUE.

1. Aucune industrie n'a des rapports si multiples avec les diverses branches des connaissances humaines que l'industrie agricole.

Cette vérité étonnera peut-être quand on songe que l'agriculture a été constamment rangée parmi les sciences entièrement fondées sur l'expérimentation, d'autant plus que les cultivateurs n'ont encore fait que peu de tentatives pour formuler en préceptes les résultats de leurs observations. Exercée communément comme un art entièrement pratique, l'agriculture ne voyait dans un pareil corps de doctrines rien d'indispensable, et comme un tel état de choses n'offrait aucune difficulté sérieuse aux cultivateurs qui se traînent dans l'ornière tracée par leurs devanciers, tout en leur permettant, comme on dit, de lier les deux bouts de l'année, on comprend jusqu'à un certain point qu'ils aient pu, jusqu'à présent, se montrer indifférents à l'endroit de la théorie, et qu'ils aient jugé parfaitement inutile de se remplir la tête de tout ce fatras scientifique.

2. Cependant, dès que le praticien est à même de fournir à l'homme de science une série d'observations exactes sur les opérations essentielles de la culture, celui-ci pourra en tirer des procédés entièrement rationnels pour la pratique. Mais le principal obstacle que le progrès agricole a rencontré dans sa marche, c'est, à mon avis, que les savants se sont toujours trop peu familiarisés avec la pratique. Dans le cas contraire, on se serait, à coup sûr, rapproché bien plus promptement de l'époque où l'agriculture reposera sur des bases scientifiques, que si les praticiens, à leur tour, se fussent adonnés à la culture des sciences ; par cela même que les premiers sont bien plus propres à ce genre d'opérations et dès lors s'entendent mieux à mettre en rapport avec la pratique le résultat de leurs investigations. Mais tant que la corrélation qui existe entre la théorie et la pratique ne sera pas mieux comprise, les recherches scientifiques, quelle que soit d'ailleurs leur importance, n'aboutiront jamais à rien de pratique, et l'agriculture ne se trouvera assise sur des bases solides que le jour où les hommes de science se voueront à l'exercice du métier.

3. Si le tableau que nous venons d'esquisser de l'état présent de l'agriculture, considérée comme science,

est exact, on doit s'attendre à voir se prolonger encore ce triste état de choses jusqu'au moment où l'un ou l'autre des deux moyens énoncés aura été mis en usage. Il y a vraiment de quoi s'étonner de voir les savants dédaigner pendant si longtemps de s'occuper du plus utile de tous les arts, quoiqu'il s'en soit trouvé dans ces derniers temps qui ont pris à cœur une pareille tâche, et l'expérience est déjà venue démontrer qu'il n'était besoin que d'entrer dans cette voie pour obtenir immédiatement des résultats, non moins intéressants pour la pratique que pour la théorie. Les rapports si intimes qui existent entre l'agriculture et les sciences physiques, rapports qui sont tels que ce n'est qu'après qu'ils ont été établis qu'on peut trouver une explication satisfaisante de leur valeur pratique, sont probablement la cause pour laquelle les savants ont dédaigné de s'en occuper. Un coup d'œil jeté sur cette corrélation si étroite rendra cette dernière hypothèse plus vraisemblable encore.

4. Celles des sciences qui touchent de plus près à l'agriculture sont les *mathématiques,* la *philosophie de la nature,* la *chimie,* l'*histoire naturelle,* l'*anatomie comparée* et l'*art vétérinaire.* Les parties les plus utiles des mathématiques sont la *géométrie* et la *trigonométrie,* dans leur application à la mesure des surfaces et des solides. De plus, les connaissances mathématiques sont indispensables à l'étude de la philosophie naturelle, car ce n'est que par leur intermédiaire, par exemple, qu'on parvient à comprendre les lois du mouvement de la matière. Parmi les branches de la

philosophie de la nature qui se sont montrées le plus utiles à l'agriculture, on doit citer avant tout la *mécanique* ou la science des lois de la matière et du mouvement, en tant qu'applicables aux machines ou instruments qui ont une destination agricole, telles que la culture des plantes et les préparations ultérieures qu'on leur fait subir ; ensuite la *pneumatique* ou étude de l'air et des lois suivant lesquelles il se raréfie, se condense ou exerce sa force de pression ; l'*hydraulique* ou la connaissance du mouvement des corps liquides et principalement de l'art de conduire l'eau dans les tuyaux et les canaux ; l'*électricité* qui explique les effets de cet agent universellement répandu dans la nature ; l'*optique* ou science de la lumière et de l'influence qu'elle exerce sur la végétation, et la science de la *chaleur*, qui, en se répandant dans tous les corps qui nous entourent, imprime à chacun son véritable caractère ; enfin, la *chimie* qui réalise journellement de nouveaux progrès dans la préparation des engrais et qui augmente, par là, le nombre de ces substances fertilisantes, en réduit le prix de revient et permet ainsi d'accroître, de plus en plus, la fertilité du sol. Celles des branches de l'histoire naturelle qui ont rendu le plus de services à l'agriculture sont la *météorologie* ou la connaissance des phénomènes qui se présentent dans l'atmosphère ; la *botanique* ou l'étude des plantes, et la *zoologie*, en tant qu'elle s'occupe de l'histoire naturelle des animaux domestiques et des insectes. Il peut encore être très-utile au cultivateur d'étudier l'*anatomie comparée*, c'est-à-dire la science de la structure des animaux, comparée à celle de l'homme, ainsi que la *zootomie* qui fournit les moyens de traiter les différentes maladies du bétail.

5. Ce coup d'œil général jeté sur l'ensemble des diverses branches des connaissances humaines suffit pour faire comprendre tous les avantages qui résulteraient d'une pareille étude. Ce n'est pas sans raison que sir J. Herschel fait observer qu'il existe entre les sciences physiques et les diverses industries un échange perpétuel et réciproque de services productifs, à tel point qu'aucun progrès notable ne peut être réalisé dans les unes, sans qu'un besoin analogue se fasse sentir dans les autres. D'un autre côté, l'ensemble des industries ou quelques-unes de leurs parties dépendent, en quelque sorte, des forces et des propriétés de ces mêmes corps de la nature qui forment l'objet des recherches et des explications physiques. Il est clair comme le jour qu'en agriculture la plupart des opérations sont influencées par des agents extérieurs. C'est ainsi que les travaux des champs dépendent de la température, que les circonstances locales exercent une influence considérable sur le climat, et que la nature du terrain détermine, en général, les récoltes qu'on peut y cultiver. Il faut donc que le cultivateur cherche à comprendre les causes fondamentales de ces influences, et pour cela l'étude des lois qui président à ces phénomènes est chose indispensable. La science qui s'occupe de rechercher ces lois porte le nom de *philosophie de la nature*, et elle se divise en autant de parties qu'il existe de classes différentes de phénomènes

sur la terre, dans l'air, dans l'eau et dans le ciel. Ces lois sont constantes dans leur action et susceptibles d'une démonstration absolue, et ce sont les *mathématiques* qui servent à les établir. En outre, tout corps, qu'il soit animé ou inanimé, possède un caractère individuel qui permet de le considérer comme un être particulier, et la science qui nous fait connaître chacun de ces signes distinctifs s'appelle *histoire naturelle*. De plus, tous les corps animés ou inanimés sont composés de certaines substances élémentaires, et c'est la *chimie* qui nous fait découvrir le secret de leur nature et de leurs combinaisons. Ces éclaircissements mettront le cultivateur à même de comprendre aisément la haute importance de ces sciences pour l'explication des phénomènes qui nous entourent, et leur utilité lui apparaîtra de plus en plus à mesure qu'il les approfondira davantage.

CHAPITRE II.

PHILOSOPHIE DE LA NATURE (1). — SA DIVISION.

6. La philosophie de la nature peut être partagée en cinq divisions principales. La première comprend les principes fondamentaux qui expliquent la constitution des masses de matières qui composent l'univers et les mouvements qui s'exécutent entre elles.

(1) Synonyme de *physique* quoique avec un sens plus étendu. Déjà dès l'antiquité, nous voyons les hommes s'efforcer de parvenir à la connaissance exacte des corps qui se trouvent dans la nature et des lois qui les régissent. Cependant les efforts que fit l'antiquité et même le moyen âge ne furent pas féconds en heureux résultats ; il était réservé aux derniers siècles, par l'heureuse application de méthodes judicieuses, d'acquérir une riche moisson de notions naturelles. La fusion en un seul tout de ces diverses connaissances acquises jusqu'à présent, constitue l'ensemble des sciences naturelles. Or, le but des recherches naturelles peut être ou de scruter les formes immuables des divers corps de la création,

On donne à cette division le nom de *dynamique* ou étude des forces. Les deux principales forces de la nature, l'attraction et la répulsion, qui agissent sur la matière inerte, produisent le mouvement uniforme, le mouvement accéléré ou ralenti et le mouvement circulaire, dont l'ensemble constitue les différents phénomènes de la nature. La deuxième division traite dès lors du mouvement des corps solides et s'appelle *mécanique*. La troisième explique les lois du mouvement des corps liquides et porte le nom d'*hydrodynamique*; elle comprend l'*hydrostatique* ou étude de l'eau à l'état de repos ou d'équilibre, et l'*hydraulique* ou étude de ce liquide en mouvement, ainsi que la *pneumatique* ou la théorie des phénomènes de l'air et l'*acoustique* ou théorie du son. La quatrième division s'occupe de phénomènes d'une nature plus mystérieuse qui sont produits par les corps dits *impondérables*, tels que la chaleur, la lumière, l'électricité, le magnétisme et le galvanisme. Dans la cinquième division, enfin, se trouve l'explication des

tant animés qu'inanimés, ou bien de trouver les lois d'après lesquelles les divers corps se constituent et se transforment incessamment dans leurs formes et leur composition, ainsi que dans les abstractions qu'ils exercent sur d'autres. La partie qui poursuit le premier but est désignée sous le nom d'histoire naturelle, tandis que celle qui s'occupe du second, porte le nom de philosophie de la nature. Or, dans cette signification, la philosophie de la nature comprend non-seulement les lois de la formation et de la transformation des abstractions réciproques des corps inorganiques, mais encore celles des corps organiques. Aussi l'a-t-on divisée en physique, chimie et physiologie.

phénomènes qu'on observe dans le ciel, et elle est désignée par le nom d'*astronomie*.

7. Mécanique. — De toutes les branches de la philosophie de la nature, la mécanique est celle qui s'est montrée la plus utile à l'agriculture. Il est vrai qu'un ouvrier habile, muni d'un instrument approprié à son usage, pourra se tirer d'affaire sans posséder des notions de mécanique; mais il ne parviendra jamais à comprendre les règles qui président à la construction des machines, et cependant ces règles doivent être scrupuleusement observées pour qu'on puisse dire d'une machine qu'elle est rationnellement construite. Si, à la suite de beaucoup d'autres, nous qualifions les instruments ruraux de *main droite de l'agriculture*, on pourra appeler la mécanique, qui en améliore la forme et la constitution, *le génie de la dextérité qui anime cette main droite;* car comme elle connaît exactement la force absolue et relative des matériaux, elle n'emploiera, dans la construction de ces instruments, ni plus ni moins de ces matériaux qu'il n'en faut pour vaincre la force de résistance, et leur donnera la forme qui produira ce résultat avec la plus faible dépense de force possible. Les instruments agricoles de nos jours se distinguent par la simplicité de leur construction, la beauté de leur forme, la justesse dans les calculs mathématiques et par une proportion de symétrie dans toute la machine; aussi quand il arrive que l'un ou l'autre travail des champs n'est pas ce qu'il pourrait être, la faute en est uniquement à l'impéritie de celui qui manie l'instrument.

Toutefois, je suis loin de prétendre que nos instruments d'agriculture ne soient plus susceptibles d'aucune espèce d'améliorations; mais ils sont parfaits en tant qu'ils ont été améliorés par une judicieuse application des principes de mécanique et qu'ils peuvent être mis facilement en œuvre, quoique quelques-uns d'entre eux laissent encore à désirer sous le rapport de la simplicité. J'ose même dire qu'un mécanicien qui simplifie, dans sa construction, un instrument d'une utilité reconnue, a autant de titres à la reconnaissance des agriculteurs, quand ces améliorations ont pour but de le mettre moins promptement hors d'usage, que celui qui en invente un nouveau; aussi doit-on s'attendre désormais à voir entrer de plus en plus dans cette voie, car le calcul mathématique, infaillible dans ses résultats, est tout aussi applicable à la mécanique, sous le rapport des principes d'après lesquels une machine fonctionne, qu'au point de vue des formes qu'elle revêt dans sa construction.

8. Si les mécaniciens s'attachaient davantage à mettre en pratique les principes de la mécanique et renonçaient un peu à cette routine, si invétérée dans la plupart des pays, les instruments d'agriculture prendraient bientôt une forme plus en harmonie avec les données de la science. Mais dans l'état actuel des choses, l'on voit fréquemment des mécaniciens, dans le but de perfectionner un instrument, risquer des changements dans sa construction et des combinaisons tout à fait inusitées dans ses diverses parties, et quoique la plupart de ces essais aient abouti à un fiasco complet, on ne les

voit pas moins acharnés à chercher de nouvelles combinaisons de ce genre. Il serait à désirer que tout
constructeur d'instruments agricoles possédât des
connaissances en agriculture et que tout cultivateur
étudiât les principes de la mécanique, de telle sorte
que lorsqu'il est question de se prononcer sur la valeur
pratique d'un instrument, l'adresse dans le maniement
et le jugement des principes de l'art puissent marcher
de front et se donner la main. Les instruments qui
sortent de l'atelier d'un constructeur étranger à la pratique agricole ne pourront évidemment rendre tous les
services qu'on est en droit d'en attendre, et il n'est que
des cultivateurs qui n'entendent absolument rien en
fait de mécanique qui achètent de pareils instruments,
quitte à les mettre au rebut après quelques essais infruc-
tueux. Si les agriculteurs possédaient quelques notions
de mécanique, à coup sûr l'on ne verrait pas faire
usage de tant d'instruments d'une utilité douteuse, mais
seulement de ceux dont la construction est reconnue, au
premier coup d'œil, aussi solide que durable, aussi simple
qu'ingénieuse. Cependant, il n'est pas toujours facile
d'inventer des instruments qui satisfont à toutes ces
conditions ; mais leur construction, dans tous les cas,
doit être simple, puisqu'ils sont constamment exposés
aux intempéries de l'air et qu'ils sont appelés à fonc-
tionner dans un sol tenace. Ajoutez à cela que la plupart des travaux agricoles sont très-simples de leur
nature et qu'ils doivent par conséquent être exécutés
avec des instruments simples comme eux, principalement les travaux dits *préparatoires*, qui, à côté de leur

simplicité, exigent une dépense considérable de force et qui, par conséquent, demandent des instruments solides, durables et simples. Des opérations plus compliquées, même quand elles s'exécutent en leur lieu et place, exigent aussi un mécanisme proportionnellement plus compliqué, et, quand ces sortes de travaux sont liés à un mouvement de translation d'un lieu vers un autre, cela doit pouvoir s'exécuter à l'aide d'un mécanisme pour que pas le moindre trouble ne se manifeste dans les diverses parties de la machine. La solution de cette dernière question dans la mécanique pratique est très-difficile, sinon impossible. La charrue ordinaire est encore l'instrument qui se rapproche le plus de la solution pratique, et cependant il faudra que cet instrument si précieux, qui permet d'exécuter un travail pénible avec des moyens très-simples, reçoive encore de véritables améliorations dans sa structure, afin que le laboureur soit plus maître de ses mouvements. Ce que nous venons de dire prouve suffisamment que la forme et la construction des instruments d'agriculture et les circonstances dans lesquelles on les emploie fournissent ample matière à l'esprit d'invention pour s'exercer en mécanique.

9. En examinant la construction des machines, il est un point que l'agriculteur ne doit pas perdre de vue, à savoir : la résistance produite par le frottement des corps mobiles entre eux et le juste rapport dans lequel la forme et la position des différentes parties doivent, en général, se trouver, dans les constructions fixes, avec la force des matériaux et l'usure à laquelle sont sou-

mises ses diverses parties. C'est en dirigeant attentivement ses recherches dans ce sens, qu'il sera amené,
tout seul, à s'occuper de la solidité et de la durée des
matériaux, connaissance qui lui sera plus d'une fois
utile dans sa pratique de cultivateur, pour tout ce qui
lui vient du charron ou du forgeron.

10. Il évitera, en outre, dans ces sortes de recherches de tomber dans une erreur qui est fréquemment
commise et qui consiste à croire qu'on parvient à augmenter la quantité de force dont une machine a besoin
pour être mise en mouvement, par l'une ou l'autre
combinaison dans le mécanisme. Le docteur Arnott
fait observer à cet égard, avec beaucoup de raison,
dans ses *Éléments de physique,* qu'une foule de projets
qui ont pour but la recherche du *perpetuum mobile* et
d'autres machines de ce genre qui, parfois, ne laissent
pas que d'accuser beaucoup de génie, n'auraient jamais vu le jour si leurs auteurs eussent été pénétrés
de ce principe fondamental qu'il n'est possible par aucune forme, ni par aucune espèce de combinaisons
dans le mécanisme, d'augmenter, seulement dans la
plus faible proportion, la quantité de force nécessaire
pour mettre une machine en mouvement. L'absence
de ces notions de mécanique a toujours arrêté, dans
leurs rêves chimériques, ces faiseurs de projets, et
aujourd'hui encore, il ne se passe pas d'année sans
qu'on voie prendre des brevets pour de prétendues découvertes de ce genre, qui ont ordinairement le
malheur de causer la ruine de leurs inventeurs. C'est,
en effet, quelque chose de remarquable dans la nature

humaine que de voir des hommes remplis de talent se jeter si fréquemment, avec une ténacité incroyable, dans ces entreprises impossibles, faute de notions suffisantes sur les principes fondamentaux de la mécanique.

11. **Pneumatique.** — Après la mécanique, c'est la pneumatique qui, de toutes les branches de la philosophie de la nature, a été la plus utile à l'agriculture. Comme nous l'avons déjà dit, elle comprend les phénomènes qui se passent dans l'air et les lois suivant lesquelles ce dernier corps se raréfie, se condense ou exerce sa force de pression.

12. L'air atmosphérique enveloppe de toutes parts notre globe, jusqu'à une hauteur qui ne dépasse pas 50 milles anglais ou 80,400 mètres (environ 16 lieues). Le docteur Wollaston a démontré qu'à cette hauteur, la force d'attraction que la terre exerce sur chaque molécule d'air est égale à la résistance ou la force de répulsion du milieu même. Quelque considérable que puisse paraître cette hauteur, elle n'est pas plus grande, comparée aux dimensions de notre globe, qu'une couche de poussière de 1/10 pouce d'épaisseur sur une sphère de 1 pied de diamètre.

13. L'atmosphère exerce une pression considérable sur la surface de la terre, comme aussi sur tous les corps qui se trouvent dans l'air même. Le poids de 100 pouces cubes (96.5 pouces cubes de France) d'air, à une température de 60° Fahrenh. (15.5° centigr.) et avec une hauteur de la colonne barométrique de 30 pouces, a été évalué, d'après les calculs de plusieurs hommes de l'art, de 30.199 grains à 31.10 ; ce qui

fait en moyenne 306.79 grains. Avec cette pesanteur et une hauteur de 50 milles anglais, l'air exerce une pression de 15 livres sur chaque pouce carré de surface (1). D'après cela le poids total de l'atmosphère a été porté à 5,567,214,285,714,285 tonnes ou, en chiffre rond, 1,000 fois autant de kilog., ce qui équivaut au poids d'une sphère de plomb de 60 milles anglais de diamètre (96,480 mètres). La superficie d'un homme de taille moyenne s'élève à 2,000 pouces carrés, et il a, par conséquent, à supporter une pression atmosphérique de 30,000 livres, qui l'écraserait infailliblement si, par suite des lois de la pression, cette force n'était contre-balancée par une pression en sens contraire.

(1) Pour ne pas donner lieu à des fractions ou nombres fractionnaires, nous avons laissé subsister ici les poids et mesures anglais. Toutefois, il sera toujours facile de les réduire en se rappelant que

Le pied anglais = 135 lignes de Paris ; le pied français en comptant 144, ce qui fait 3,285 pieds anglais par mètre.

Le mille anglais = 5,280 pieds anglais = 1,608 mètres.

La livre anglaise = 453 grammes,

Et la tonne pèse environ 1,016 kilog.

Le dram ou grain anglais = la 1/16 partie de l'once, ce qui en fait 256 sur la livre de 453 grammes, et il équivaut par conséquent à 1.7 gramme.

Pour trouver les indications correspondantes du thermomètre de Fahrenheit en degrés centigrades, on doit commencer par en ôter 32, point de congélation de cet instrument, et multiplier le reste par 100/180 ou 5/9, rapport des degrés du thermomètre centésimal à celui de Fahrenheit.

14. Cent parties d'air atmosphérique sont composées de :

	En volume.	En poids.
Azote	77,50	75,55
Oxygène	21,00	23,32
Acide carbonique. .	0,08	0,10
Vapeur d'eau . . .	1,42	1,03
	100,00	100,00

Ces éléments ne sont jamais combinés chimiquement, mais seulement mélangés mécaniquement, et cependant les proportions de ce mélange ne changent point. L'influence si puissante du soleil sous les tropiques fait que la végétation si luxuriante de ces contrées dégage une abondante quantité d'oxygène, tandis que le règne animal qui domine dans les régions plus froides fournit une forte proportion d'acide carbonique.

15. **Baromètre.** — La pesanteur de l'air atmosphérique se mesure à l'aide d'un instrument généralement connu et désigné sous le nom de *baromètre*. La colonne de mercure de 30 pouces (76 centimètres) de long qui le compose, pèse autant qu'une colonne d'air d'égal diamètre et d'une hauteur d'environ 50 milles (80,400 mètres) et qu'une colonne d'eau d'environ 33 pieds. Il existe des baromètres *portatifs* et des baromètres *fixes*. Les premiers étant inutiles au but que nous nous proposons, nous pouvons nous dispenser d'en parler plus longuement.

Dans les baromètres ordinaires, on fait généralement le tube de verre trop étroit pour réaliser une économie de mercure et pouvoir fournir l'instrument à meilleur marché ; mais, par là, le frottement du mercure contre les parois du tube se trouve augmenté; aussi sa hauteur est-elle un peu plus élevée qu'à l'état normal, quand le baromètre descend, et un peu inférieur quand il monte. Pour avoir, au juste, la véritable hauteur de la colonne barométrique, on est obligé d'y donner une légère secousse avec le doigt, pour faire prendre au mercure sa position exacte.

16. Le baromètre s'est montré un instrument très-utile, à l'aide duquel on a reconnu que la densité de l'air diminue notablement à mesure qu'on s'élève. A une hauteur de 3 milles anglais (4,824 mètres), cette densité n'est plus que la moitié de ce qu'elle est à la surface du sol; à une hauteur de 6 milles (9,648 mètres), elle n'est plus que le 1/4; à 9 milles (14,472 mètres) le 1/8 et à 15 milles (24,120 mètres) seulement le 1/3; de telle sorte que la moitié de l'air atmosphérique est à une hauteur de 3 milles autour de la terre, et que la partie de beaucoup la plus grande se trouve constamment en dedans d'une hauteur de 20 milles (32,160 mètres). Des expériences ont constaté que le baromètre descend de 1/10 pouce pour environ 88 pieds qu'on s'élève, ce qui est indiqué d'une manière plus exacte encore dans le tableau suivant, d'où il ressort que la densité de l'air décroît dans une proportion géométrique pendant qu'on s'élève dans une proportion arithmétique. En supposant la hauteur de la colonne barométrique, au niveau de la mer, de 30 pouces, voici comme elle descend :

0,1 pouce pour une hauteur de   87 pieds au-dessus du sol.
0,2   »   »   175   »   »

0,3 pouces pour une hauteur de 262 pieds au-dessus du sol.

0,4	»	»	350	»	»
0,5	»	»	439	»	»
0,6	»	»	257	»	»
0,7	»	»	616	»	»
0,8	»	»	705	»	»
0,9	»	»	795	»	»
1,0=29 pouces	»	885	»	»
2,0=28 »	»	1,802	»	»
3,0=27 »	»	2,752	»	»
4,0=26 »	»	3,738	»	»

Il suit de là que le baromètre est un instrument sûr pour mesurer les hauteurs, et lorsque, sur une exploitation rurale, on a fait des observations continues sur la hauteur moyenne de la colonne barométrique, on peut, à l'aide de ce tableau, déterminer exactement sa situation au-dessus du niveau de la mer.

17. On ne doit attacher aucune valeur à ces mots : *beau, variable, pluie,* etc., qu'on trouve ordinairement inscrits sur les baromètres ; la hauteur moyenne de la colonne barométrique dans un lieu peut seule indiquer l'état ordinaire de la température, comme aussi ses élévations et abaissements par rapport à d'autres lieux. Le baromètre ne saurait indiquer la température qu'autant qu'on peut conclure des changements qui se font remarquer dans la hauteur ordinaire de la colonne barométrique à un changement dans l'atmosphère.

18. Le baromètre a été inventé en Italie, l'an 1643, par Torricelli, disciple de Galilée.

19. **Sympiesomètre.** — Cet instrument est dû à Adie, opticien d'Édimbourg, et sert aux mêmes usages

que le baromètre; mais il est beaucoup plus sensible et marque ses indications sur une échelle bien plus étendue. Il convient surtout pour mesurer les hauteurs, puisqu'on peut le mettre en poche sans qu'il se dérange aussi facilement que le baromètre portatif. L'instrument marque les hauteurs en lignes, et il n'est plus besoin alors que d'une petite correction qui se fait à l'aide d'un tableau gravé sur le châssis qui le supporte. Il a été reconnu qu'il est un indicateur très-sensible pour les changements atmosphériques qui arrivent sur mer ; cependant son usage est loin d'être généralisé, ce qui nous dispense d'en parler plus longuement. Nous renvoyons ceux qui en désireraient une description complète, au *Journal of sciences* d'Édimbourg, vol. X, page 334, et à la continuation du même journal, vol. IV, pages 91 et 329.

20. **Pompe aspirante.** — Le jeu des pompes aspirantes ordinaires s'explique également par la pression atmosphérique. En soulevant le piston, on dilate l'air dans le tuyau d'ascension, et la pression que l'air extérieur exerce sur le réservoir d'eau la fait monter et pénétrer dans le vide du corps de pompe ; mais la simple pression de l'air atmosphérique ne saurait élever l'eau à plus de 33.87 pieds anglais ou 32 des nôtres. Lorsqu'on ajoute à la pompe un réservoir d'air, alors, indépendamment de la pression extérieure, l'air agit encore par sa force élastique, puisque l'eau, en pénétrant dans le réservoir à air à travers le canon de pompe, y comprime l'air qui alors réagit sur elle par sa force expansive, et la lance souvent à une hauteur

considérable. C'est sur ce principe que repose la construction des pompes à incendie qui, comme chacun sait, font jaillir l'eau jusque sur le toit des maisons.

21. Pour retirer l'un ou l'autre liquide hors de l'estomac, on emploie une pompe qui, dans ce cas, fait l'effet d'une pompe aspirante ordinaire, tandis qu'elle doit agir à la manière des pompes foulantes, si l'on veut y introduire un liquide quelconque. C'est un instrument très-précieux pour un grand nombre de maladies du bétail.

22. **Siphon.** — Le siphon agit de même au moyen de la pression atmosphérique et sert à transvaser un liquide sans troubler le fond. Cet appareil est souvent préférable à tout autre, pour débarrasser une carrière de l'eau qui y a pénétré. Cet instrument fonctionne parce que l'un de ses bras est plus allongé que l'autre.

23. **Vent.** — Le vent résulte d'une variation dans la densité de l'atmosphère, lorsque notamment la partie la plus dense de l'air tend à remplir le vide qui s'est fait dans les couches moins épaisses. La densité de l'air éprouve une diminution notable dans les régions situées entre les tropiques, où la température du sol s'élève par suite des fortes chaleurs, tandis que le sol échauffé communique sa chaleur aux couches d'air qui sont en contact avec lui et les dilate. Cet air dilaté monte dans les régions élevées et est remplacé par des courants d'air froid qui proviennent des pôles. Les courants d'air sont constants jusqu'à un certain point, et forment les vents si utiles qu'on connaît sous le nom de *vents alizés*. Le grand continent asiatique s'échauffe

en été et alors l'air froid de l'océan Indien se dirige vers le nord pour y remplacer l'air échauffé qui s'est élevé dans les hauteurs. En hiver, au contraire, l'eau de l'Océan et les pays situés sous les mêmes latitudes s'échauffent à leur tour, et alors des courants d'air froids partent du continent vers le sud pour s'y substituer à l'air qui s'est raréfié, et ces deux courants constituent des vents qui soufflent de six mois en six mois et qu'on désigne sous le nom de *moussons* (vents alizés de l'Inde).

24. L'air qui se trouve au-dessus des côtes et des îles du Grand-Océan, en se dilatant pendant le jour et se condensant pendant la nuit, provoque journellement la *brise* de *terre* et celle de *mer*.

25. **Girouettes.**—L'instrument le plus convenable pour indiquer la direction du vent est la girouette, qui peut affecter différentes formes. Elle doit nécessairement être établie sur la partie la plus saillante des bâtiments d'exploitation, où elle peut être aperçue des fenêtres de la maison d'habitation. Les quatre points cardinaux sont désignés par N. E. S. O.; et à la girouette se trouve adaptée une boule ou une boîte, dans laquelle on verse l'huile nécessaire. La forme la plus convenable est celle d'une flèche dont la pointe se dirige contre le vent, à l'aide des barbes qui se trouvent à l'autre bout, et pour que l'instrument ne puisse se rouiller, on fait dorer tout l'appareil.

26. On rencontre une semblable disposition sur la demeure d'un M. Forster, où une clochette se trouve appendue à la flèche et annonce les changements

qu'éprouve le vent par le son qu'elle produit en venant frapper contre les barres de la rose des vents. Ceci est loin d'être un jouet; car nous apprenons par là que le vent tourne fréquemment, et quand cela a lieu, le temps est tout aussi peu fixe que quand le baromètre éprouve un grand nombre d'oscillations. Une disposition plus convenable encore, consiste en un marteau qu'on suspend à la flèche à l'aide d'un ressort flexible, et qui, en tournant, vient frapper contre diverses cloches possédant chacune un son variable et fixées sur chaque bras de la rose des vents ; de cette manière, le son seul suffit pour faire connaître la direction du vent dominant. Il existe encore des mécanismes extrêmement ingénieux qui, à l'aide d'une aiguille, marquent la direction du vent sur un cadran vertical.

27. Au sujet de l'étymologie du mot *girouette*, Beckmann fait observer, dans son *Histoire des découvertes*, que dans le principe ces instruments avaient tous la forme d'un coq et surmontaient les clochers de toutes les églises , comme un symbole de la vigilance du clergé.

28. **Anémomètre**.—La force du vent est mesurée à l'aide d'un instrument désigné sous le nom d'*anémomètre*, qui , du reste , n'offre pas d'intérêt particulier pour le cultivateur. Cependant la force du vent n'est pas sans exercer une influence considérable sur le climat, surtout quand une exploitation est située à l'entrée d'un défilé. Mais même dans ce cas, la direction du vent importe bien plus que sa force et de plus cet instrument ne sert point à annoncer les vents. La

moyenne annuelle de la force du vent est de 0,855 à neuf heures du matin, de 1,107 à trois heures de l'après-dîner et de 0,605 à neuf heures du soir; il en résulte que la violence du vent est la plus intense durant le jour, quand la température est la plus élevée, ce qui doit être nécessairement quand on songe aux causes des grands courants d'air.

29. Le meilleur de tous les anémomètres est celui de Lind, quoiqu'il soit encore un instrument très-imparfait, et comme le cultivateur n'en retire qu'une médiocre utilité, nous pouvons nous dispenser d'en parler plus longuement.

30. **Ventilation.** — Le principe sur lequel repose le renouvellement de l'air, qu'il ait lieu naturellement ou d'une manière artificielle, consiste dans les changements qu'éprouve la densité de ce corps. Cette circonstance si simple, qui fait qu'un fluide léger monte dans un autre qui est plus dense, doit nous remplir d'étonnement, dit le docteur Arnott, quand nous considérons que, par là, nos foyers se trouvent constamment alimentés d'air frais, qu'on devrait autrement produire par tout un appareil de soufflets; mais combien l'étonnement redouble quand on songe que c'est cette loi naturelle qui permet aux êtres vivants de respirer! L'air qui a été une fois inspiré ne peut plus servir à entretenir la vie, et comme la température de l'intérieur du corps est, en général, plus élevée que celle du milieu ambiant, tout l'air qui sort des poumons s'élève dans l'atmosphère pour y subir une épuration et est remplacé par de l'air frais. Rien ne saurait tenir lieu de cette loi

si simple qui agit sans interruption et sans que l'homme s'en aperçoive , pendant qu'il veille comme pendant qu'il dort. Ce procédé naturel de ventilation se produit également dans les étables des animaux disposées de telle sorte que l'air chaud et nuisible puisse s'échapper par le haut, tandis que l'air frais pénètre par le bas, et les animaux qui y sont logés se trouvent aussi dans des conditions meilleures de santé.

31. Hugo Reid fait observer que l'air en s'élevant baisse de température dans une proportion égale à son élévation. Ceci provient de la relation qui existe entre le degré de densité des gaz et la chaleur, c'est-à-dire que la somme de calorique nécessaire pour chauffer un gaz est en raison inverse de sa densité. Quand l'air est plus dense, des quantités égales de chaleur agissent sur lui plus efficacement et les couches inférieures sont par conséquent plus chaudes, tandis que la température s'abaisse à mesure qu'on s'élève, jusqu'à ce que, arrivée à une certaine hauteur (qui est plus considérable à mesure qu'on se rapproche de l'équateur), il règne un froid constant. On prétend que la température baisse d'un degré Fahrenheit pour chaque 352 pieds d'élévation, ce qui doit naturellement varier un peu avec les saisons et plus fortement avec le degré de latitude; mais pour les régions tempérées, ce rapport est à peu près exact. Il suit de là qu'une situation plus ou moins élevée exerce une grande influence sur les circonstances climatériques d'une exploitation. C'est sur cela encore qu'est fondée l'expérience qui nous apprend que, sur les lieux élevés, l'ébullition des liquides a lieu à une température plus basse, puisque la pression de l'air y est moindre. A chaque élévation de 350 pieds, il faut environ un degré Fahrenheit de moins pour l'ébullition de l'eau, ou 1.76 degré pour chaque pouce d'abaissement de la colonne barométrique. Nous apprenons par là que, dans les lieux élevés où il est si difficile de transporter du combustible, on a également besoin d'une moindre quantité si l'on y met toute l'économie possible.

32. Hydrostatique. — Elle s'occupe de rechercher les lois qui règlent la pesanteur des liquides. L'application de la pression physique des liquides aux usages économiques et autres besoins analogues est de la plus haute importance dans le monde civilisé et fournit aux mécaniciens et constructeurs d'instruments un vaste champ pour exercer leurs efforts, tandis que le cultivateur, de son côté, ne doit pas rester étranger à ce mouvement.

33. Les liquides suivent la loi de la pesanteur. Un pied cube d'eau distillée (28.34 litres) pèse 1,000 onces ou 62 1/2 livres anglaises (28.313 kil.) et une pinte anglaise (0.57 litre) environ 1 livre (453 grammes).

34. L'eau qu'on verse dans un vase exerce une pression double, l'une sur le fond et l'autre sur les parois du vase. La pression sur le fond a lieu dans le sens de la pesanteur. En admettant que la hauteur de l'eau soit mesurée par 100 gouttes placées les unes sur les autres, la pression que la goutte inférieure exerce sur le fond équivaut au poids de ces 100 gouttes. Quand deux vases ont même hauteur et même base, la pression que

l'eau exerce sur cette dernière est la même dans les deux, quelle que soit la différence qui existe entre la capacité de ces deux vases.

35. Chaque goutte de liquide qui touche les parois latérales d'un vase exerce, au point de contact, une pression verticale égale au poids de toutes les gouttes qui se trouvent entre elle et la surface du liquide. La pression latérale varie par conséquent avec la profondeur.

36. Quand le corps est plongé dans l'eau, la pression s'exerce dans tous les sens et cela avec une force qui augmente avec la profondeur à laquelle il se trouve.

37. Comme l'eau n'est presque pas susceptible d'être comprimée, la pression qui a lieu à sa surface se communique immédiatement à toute la masse du liquide. La presse hydraulique de Bramah, qui sert à comprimer du foin et autres substances élastiques ainsi qu'à déraciner des arbres, est une application pratique de ce principe. Quand le cylindre de la pompe foulante a un demi-pouce de diamètre et que le cylindre de cette presse compte 20 pouces, l'eau exercera sur le piston une pression quarante fois plus forte que dans la pompe foulante. Quand les deux bras de leviers sont dans le rapport de 1 à 50 et qu'on imprime au levier de la pompe foulante un effort de 50 livres, le piston de la pompe s'abaissera avec une force de 2,500 livres et la pression exercée sur les corps soumis à l'action de la presse sera équivalente au poids de 10,000 livres.

38. **Hydraulique.** — C'est la connaissance des

lois qui président au mouvement des liquides. Lorsque dans deux vases qui communiquent ensemble au moyen d'un tube, la hauteur de l'eau dans l'un dépasse celle de l'autre, le liquide s'écoule vers le dernier jusqu'à ce qu'il se soit mis de niveau dans les deux. C'est sur ce principe qu'est fondé le moyen d'alimenter de l'eau nécessaire les villes, les villages et les cours de ferme à l'aide de réservoirs et de citernes, et de là vient que l'eau, qui s'écoule de sources élevées, arrive jusqu'à une certaine hauteur dans les fontaines où elle se rassemble.

39. La vitesse avec laquelle l'eau s'écoule d'une ouverture est égale à la racine carrée de la hauteur d'où elle descend. En prenant pour la vitesse de l'écoulement à un pied au-dessous de la surface $= 1$, elle sera double à 4 pouces au-dessous de ce niveau, l'ouverture restant la même, triple à une distance de 9 pouces et quadruple enfin à une profondeur de 16 pouces, etc. Il s'ensuit que si l'eau s'écoule de deux vases à ouverture égale, la vitesse d'écoulement sera deux fois plus grande dans celui qui reste constamment rempli que dans l'autre. En y adaptant un petit tuyau en forme d'ajutage, on augmente cette vitesse de moitié.

40. Le frottement ou la résistance qu'éprouvent les liquides qui traversent des tuyaux est bien plus considérable qu'on ne le pense. Cette résistance provient surtout des inégalités qui couvrent les parois des tuyaux et qui dévient sans cesse les molécules d'eau de leur cours rectiligne. Un tuyau d'un pouce de large

et de 200 pieds de long, placé horizontalement, ne laisse écouler que le quart de l'eau qui s'échapperait d'une même ouverture d'un pouce de largeur, si on enlevait le tuyau; et l'air passe si difficilement à travers de semblables tuyaux, qu'en adaptant à une chute d'eau un soufflet pour alimenter un four qui se trouverait à une distance de deux milles, celui-ci se montrerait complétement inefficace. La quantité d'eau qui s'échappe de l'ouverture d'un tuyau est plus grande en proportion quand la température de celle-ci est plus élevée, ce qui provient visiblement de la diminution qu'éprouve la cohésion des molécules, propriété qui, jusqu'à un certain point, est propre à tous les liquides et qui exerce une grande influence sur leur faculté de se mouvoir dans l'intérieur d'un corps creux. Le moyen le plus simple de reconnaître la quantité d'eau qui s'écoule d'un orifice, par exemple d'un tuyau ou d'une conduite d'eau, est de mesurer la quantité qui en provient dans un temps donné.

41. Bélier hydraulique. — C'est un fait généralement connu qu'en fermant brusquement le robinet d'un tuyau, lorsque l'eau est en train d'en sortir, on remarque un coup accompagné d'un bruit. Il arrive parfois que des tuyaux de plomb s'élargissent, par là, sur une grande étendue ou qu'ils crèvent dans le sens de leur longueur. On a utilisé dernièrement cette pression en avant, qui s'exerce encore quand on arrête un courant d'eau, pour lancer ce liquide en haut, avec l'appareil qu'on désigne sous le nom de *bélier hydraulique*. La partie essentielle de cet appareil consiste en un tuyau posé obliquement et vers lequel l'eau se dirige ; il est muni à sa partie inférieure d'une soupape qui se referme constamment, ainsi que d'un tube étroit qui commence tout près de cette partie inférieure et aboutit à un réservoir placé au-dessus, qui, à chaque interruption du courant, reçoit une certaine quantité d'eau. Quand il faut à cette dernière une seconde pour traverser un tuyau de 10 aunes de long sur 2 pouces de large, sous une inclinaison de 6 pieds, elle acquiert une force motrice qui est telle qu'en fermant le robinet elle en lance plein une demi-pinte dans un tube qui conduit à un réservoir situé à une hauteur de 40 pieds. En conséquence, un semblable appareil, en supposant que la soupape se referme de seconde en seconde, conduira environ 4 gallons (764 pouces cubes) d'eau par minute dans le réservoir. La disposition de la soupape est extrêmement ingénieuse, à tel point que c'est le courant d'eau lui-même qui fait qu'elle s'ouvre et se referme. La meilleure comparaison qui puisse donner une idée de cette machine à compression, est celle des battements du pouls dans l'organisme animal. On rend la partie inférieure du tuyau vertical par où pénètre l'eau un peu évasée, de manière à faire l'effet d'une espèce de réservoir à air qui, par suite de l'élasticité de ce fluide aériforme, imprime un cours à peu près uniforme, à son entrée dans le réservoir, au liquide qui pénètre par saccades dans le tuyau. Une soupape adaptée au réservoir sert à alimenter ce dernier de l'air qui est nécessaire.

42. L'effort produit par l'eau en mouvement est

déterminé par la quantité de ce liquide qui, dans une minute, vient frapper un corps qu'on lui oppose et par la vitesse dont il est animé. Si la résultante de ce mouvement agit verticalement sur la surface du corps, sa pression équivaut à celle d'une colonne d'eau qui aurait pour base la surface du corps contre lequel elle vient heurter et pour hauteur celle de la colonne formée par la vitesse du courant. Quand l'eau tombe obliquement sur le corps sa force s'exerce en deux directions, dont l'une est parallèle et l'autre perpendiculaire à la surface de ce corps ; mais c'est la dernière seule qui produit une action proportionnelle au carré du sinus de l'angle d'incidence. Cette loi permet de calculer la résistance que doit pouvoir présenter une digue aux efforts du courant.

43. Roues hydrauliques. — On utilise avec grand avantage la force motrice de l'eau pour mettre des machines en mouvement à l'aide des roues hydrauliques, et cette force est constamment préférable à celle des chevaux, partout où on peut en faire usage pour les machines à battre le grain et autres. Il est de fait que dans le battage des céréales seul, on obtient cinq fois plus d'effet qu'avec deux chevaux attelés au manége de la machine à battre. Quelle que soit la forme qu'affecte la roue, l'effort qu'elle produit est constamment supérieur à celui des chevaux. Quand une roue à palettes ne doit se trouver dans l'eau que par sa partie inférieure et qu'ainsi elle est mise en mouvement par la masse et la vitesse de l'eau à la fois, ce qu'on appelle son *moment* ou sa force motrice, on l'applique dans le cas où l'eau est abondante et la chute faible. Lorsque l'eau atteint la roue vers le milieu de sa hauteur et la fait tourner en tombant d'un côté sur les palettes, par suite de quoi la roue exécute ses évolutions par une espèce de baquet recourbé dans lequel le liquide s'élance, on s'en sert quand l'eau est en abondance et la chute modérée. Quand l'eau se précipite d'en haut sur la roue en tombant dans des formes d'auges et qu'elle agit seulement par son poids et non point, en même temps, par sa vitesse, elle exige une chute plus élevée et proportionnellement une moindre dépense de liquide, et offre de grands avantages partout où on peut l'appliquer. En général, pour que les roues à palettes puissent produire le maximum de leur action, il faut qu'elles soient construites de manière à pouvoir tourner avec le tiers de la vitesse de l'eau qui les alimente ; ces roues à auges tournent ordinairement avec une vitesse de trois pieds par seconde.

44. La résistance qu'un corps dur oppose à l'eau est en quelque sorte proportionnelle à l'étendue de la surface qu'il lui présente ; par conséquent des corps larges, qui contiennent plus de masse par rapport à leur surface, offrent une résistance moins considérable relativement à leur poids que des corps étroits qui ont la même forme. Cette loi nous explique comment des corps de poids différents qui se trouvent mêlés les uns aux autres, peuvent être facilement séparés au moyen de l'air ou de l'eau. Le nettoyage des céréales est fondé sur ce principe ; la balle demandant plus de temps pour tomber, est chassée plus avant par le cou-

rant d'air, tandis que le grain, qui est plus pesant, tombe à peu près verticalement sur le sol, et le plus léger est lancé le plus loin, ce qui en opère facilement la séparation.

45. Frottement exercé par l'eau. — Son influence sur la vitesse du courant est considérable et plus grande à la surface de l'eau que dans la profondeur, plus grande aussi au milieu que vers les bords ; aussi le fleuve est-il plus profond au milieu de son lit que vers les rives. Sans ce frottement, l'eau des canaux et des fossés serait animée d'une force motrice telle qu'elle dégraderait les bords et se déverserait à chaque courbe. Si les fleuves qui descendent des montagnes n'étaient pas retenus par le frottement et les sinuosités qu'ils décrivent, ils se précipiteraient avec une vitesse irrésistible de plusieurs milles à l'heure. Mais de cette manière, ils n'en parcourent plus que 3 dans le même temps et la pente de leur lit est en moyenne de 3 à 4 pieds par mille.

46. Vitesse du courant. — Pour la mesurer à la surface de l'eau, on se sert d'un corps creux flottant et on observe l'espace qu'il parcourt dans un temps donné, une minute par exemple. Il est souvent très-difficile de déterminer exactement la vitesse d'un courant irrégulier. Pour connaître la quantité d'eau qui s'écoule par un courant, on commence par mesurer sa largeur et sa profondeur en différents endroits, pour en prendre une moyenne ; leur somme représente la coupe du fleuve, et celle-ci multipliée par la vitesse donne le nombre de pieds cubes par minute.

47. Rapport de la force de l'eau à celle des chevaux. — Il peut parfois être très-utile de savoir calculer à combien de chevaux équivaut la force d'un courant qu'on veut employer comme moteur. Voici de quelle manière on procède : on multiplie le poids spécifique d'un pied cube d'eau, soit 62 1/2 livres, par le nombre de pieds cubes qui coulent dans ce cours d'eau par minute (d'après 46), et ce produit, à son tour, par le nombre de pieds que compte la chute ; séparant ensuite trois chiffres de droite à gauche et divisant le reste par 44, on obtient la force en chevaux.

Supposons, par exemple, que le nombre de pieds cubes qui s'écoulent du courant par minute soit de. 350

lesquels multipliés par le poids spécifique de 1 pied cube d'eau. 62 1/2

175
700
2100

donnent 21875

En multipliant par le nombre de pieds de la chute, supposé de. 12

262500

Séparant trois chiffres de droite à gauche, il reste. 262

Ce reste divisé par 44. . . . . 44|262|6
264

Le quotient 6 est le nombre demandé.

48. Poids spécifique. — On entend par là le rapport qui existe, sous le même volume, entre le poids absolu d'un corps dans l'air et ce même poids dans l'eau. Pour le trouver, on n'a qu'à diviser le poids absolu d'un corps dans l'air par la différence de son poids dans l'eau.

49. Il peut ne pas être sans intérêt d'indiquer ici le poids spécifique de quelques substances généralement employées. En prenant l'eau distillée = 1,000, on aura pour :

Eau de pluie.	1,0013	
Eau de mer	1,027	
Os des bêtes à cornes	1,656	
Terre ordinaire	1,48	
Sable rude	1,92	
Mélange de terre et de gravier. . . .	2,02	
Sable humide.	2,05	
Sable siliceux.	2,07	
Sol argileux	2,15	
Argile et gravier.	2,48	
Pierres à fusil de teinte foncée. . . .	2,542	
Pierres à fusil blanches.	2,741	
Chaux vive ou caustique.	1,842	
Basalte	2,8	à 3,1
Granit.	2,5	à 2,66
Calcaire	2,64	à 2,72
Porphyre.	2,4	à 2,6
Quartz	2,56	à 2,75
Grès ordinaires	2,2	à 2,5
Grès propres à la bâtisse . .	1,66	à 2,62
Briques	1,41	à 1,86

Fer de forge	7,207 à 7,788	
Plomb fondu	11,588	
Zinc laminé	7,191	
Sel gemme	2,257	

	Fraîchement abattu.	Sec.
Bois d'aune	0,8571	0,5001
» de frêne	0,9056	0,6440
» de peuplier	0,7654	0,4302
» de bouleau	0,9012	0,6274
» d'orme	0,9476	0,5474
» de marronnier d'Inde .	0,8614	0,5749
» de mélèze	0,9206	0,4735
» de tilleul	0,8170	0,4590
» de chêne sessile . .	1,0754	0,7075
» de chêne pédonculé .	1,0494	0,6777
» de pins	0,8699	0,4716
» de pin écossais . . .	0,9121	0,5502
» de peuplier ordinaire .	0,7654	0,3931
» de peuplier blanc . .	0,7155	0,5289

50. Électricité. — Le fluide électrique, qui exerce une influence si visible sur toute la nature extérieure, doit nécessairement captiver l'attention de ceux que la nature de leurs occupations oblige à être constamment occupés en plein air. On considère généralement comme un fluide cet agent mystérieux, puisqu'il pénètre tous les corps; mais quelque persistance qu'on mette à vouloir lui imposer ce nom, il n'en est pas moins vrai que cette dénomination ne lui convient aucunement, et si nous continuons à nous en servir par la suite, c'est uniquement parce que ce mot est généralement usité, et sans vouloir le moins du monde exprimer par là notre opinion théorique sur la nature physique de l'électricité.

51. L'électricité se trouve universellement répandue dans toute la nature. Ce qui le démontre, ce n'est pas seulement que le frottement la met en liberté, mais encore que tout changement qu'éprouvent les différents corps produit des résultats analogues et que souvent même la simple pression y suffit. Elle est latente quand elle existe à l'état de repos et d'équilibre ; mais cet état est facilement rompu, et l'électricité se manifeste alors par une série d'actions qui persistent tant que l'équilibre ne se trouve pas rétabli.

52. On a trouvé, par expérience, que certains corps possèdent la faculté de conduire l'électricité et que d'autres ne le font pas. Par conséquent, on a divisé tous les corps en *bons conducteurs* et en *mauvais conducteurs* de l'électricité, et on a appelé les premiers, les métaux, par exemple, des corps *anélectriques*, puisqu'ils n'émettent pas d'électricité sensible, tandis que les seconds, la résine et le verre, par exemple, qui satisfont à ces conditions, sont désignés sous le nom de corps *idio-électriques*.

53. Dans son état naturel et combiné, où l'électricité négative et positive se trouvent réunies, ce fluide paraît être distribué uniformément dans toute la masse de la matière ; mais quand il devient libre et que ses éléments se séparent, l'un ou l'autre de ceux-ci reste fixé à la surface externe de la substance dans laquelle

il est mis en liberté, sous forme d'une couche extrêmement mince, dont on ne saurait dire si elle pénètre ou non à l'intérieur.

54. L'électricité, devenue libre par l'un ou l'autre des différents procédés, s'accumule dans l'atmosphère, qui constitue, en effet, un grand réservoir d'électricité sensible, tandis que c'est particulièrement dans le sein de la partie solide de notre globe que cette force si puissante se réunit et se neutralise. Il existe de l'électricité libre dans l'atmosphère, dans tous les temps et à tous les états, mais la nature et l'intensité de cette électricité varient souvent beaucoup. Elle doit son existence à diverses causes qui, jusqu'à présent, ne nous sont pas encore suffisamment révélées. Les principales de ces causes de production d'électricité aujourd'hui connues sont le frottement et le contact entre corps de diverses natures, les changements de température, les phénomènes vitaux, les fonctions de l'atmosphère, la pression sur des corps durs ou leur séparation et le magnétisme. Jusqu'à présent les savants ne sont pas encore unanimement d'accord sur la question de savoir si les réactions chimiques et le changement qui s'opère dans l'état moléculaire des corps produisent ou non de l'électricité. Les moyens communément employés sont le frottement, le contact, la chaleur et le magnétisme.

55. Les deux sources les plus naturelles de l'électricité paraissent être la végétation et l'évaporation. Nous allons examiner en détail de quelle manière *la végétation* peut produire ce résultat. Pouillet a établi, par des expériences directes, que la combinaison de l'oxygène

avec les tissus vivants des plantes, est une source constante d'électricité, et l'on peut juger de la quantité qui
est mise en liberté de cette manière, par ce fait qu'une
superficie de 100 mètres carrés, couverte d'une belle
végétation, dégage assez d'électricité positive dans le
courant d'une journée, pour pouvoir charger une forte
batterie.

56. Pour se faire une idée de la manière dont a lieu
cet échange entre l'oxygène de l'air et les parties des
plantes durant la végétation, il importe avant tout d'examiner attentivement les changements qui s'opèrent dans
l'air atmosphérique, par suite de la respiration de ces
dernières. Il est vrai qu'il existe encore à cet égard des
opinions très-variées. Cependant les expériences d'un
grand nombre de naturalistes ont mis hors de doute
que les feuilles des plantes exercent, à de certains
temps, la même action sur l'air que les poumons des
animaux, c'est-à-dire qu'elles augmentent la quantité
d'acide carbonique par la combinaison du carbone avec
l'oxygène de l'air. On sait en outre que, dans d'autres
temps, les feuilles exercent une action tout à fait opposée, à savoir qu'elles décomposent l'acide carbonique
de l'air, fixent le carbone en restituant l'oxygène et
contribuent de la sorte à augmenter la proportion de
ce dernier gaz. Jusque dans ces derniers temps, on
ignorait laquelle de ces deux espèces de décompositions
se faisait sur une plus grande échelle; mais actuellement l'opinion générale est unanime à reconnaître que
le principal résultat de l'action que les plantes exercent
sur l'atmosphère consiste à lui enlever son acide car-

bonique, en fixant le carbone dans leurs tissus et en laissant dégager l'oxygène, dont la proportion se trouve par conséquent augmentée dans l'air atmosphérique.

57. En admettant qu'à certaines époques de la journée, les plantes dégagent alternativement de l'acide carbonique et de l'oxygène, il serait encore extrêmement important d'établir la nature de l'électricité qui se fait jour par la décomposition de ces deux gaz. C'est dans ce but que Pouillet a entrepris des expériences avec l'électroscope à feuilles d'or; en laissant germer en terre des graines de diverses plantes, il a remarqué que son instrument était affecté de l'état d'électricité négative du sol. Ce résultat peut paraître quelque peu prématuré, tant que dure le dégagement d'acide carbonique; car l'expérience a constaté que le gaz acide carbonique, qui provient de la combustion du charbon de bois, est électrisé positivement, et qu'il est tout naturel, par conséquent, que là où les plantes dégagent de l'acide carbonique, le sol qui les porte se comporte d'une manière électro-négative. Pouillet admettait, en outre, que quand les plantes dégageaient de l'oxygène, le sol devait se trouver dans un état d'électricité positive. C'est ainsi qu'il fut conduit à l'importante conclusion que la végétation est une abondante source d'électricité. Mais Peschel fait observer que la justesse de cette opinion, sur laquelle les contre-expériences de Pfaff ont jeté quelque doute, a grandement besoin d'être confirmée par des recherches plus exactes; toutefois, dans une autre partie de son ouvrage, il n'hésite

pas à reconnaître que Pouillet a rendu un véritable service à la science, en découvrant que les plantes dégagent de l'électricité positive pendant la germination.

58. Une autre source d'électricité nous est fournie par *l'évaporation*. On peut s'assurer, par des expériences bien simples, que la chaleur produit dans l'eau un changement chimique qui donne lieu à de l'électricité. Il est également bien connu que la pression mécanique peut tirer de l'électricité, et cela dans une proportion très-considérable, de presque tous les corps. Toutes les substances résineuses et siliceuses, toutes les matières végétales, animales ou minérales, à l'état sec, dégagent, par le frottement, de l'électricité dont la tension peut être facilement mesurée au moyen de l'électroscope à feuilles d'or. La réaction chimique produit des résultats analogues, absolument de la même manière. Quand on verse, dans un verre à vin de forme conique, du soufre fondu, il devient électrique pendant le refroidissement, et son action sur l'électroscope est tout à fait identique à celle des corps qu'on a électrisés par des procédés mécaniques. Quand le chocolat se fige après le refroidissement ; quand l'acide sulfurique prend une forme analogue ; quand le calomel, en se volatilisant, se condense sur le couvercle d'un vase de verre, tous ces phénomènes développent de l'électricité. Absolument de la même manière, il se dégage de l'électricité tant de la condensation que de l'évaporation de l'eau, quoique ces deux phénomènes soient de nature opposée. Il est vrai que, dans ce cas, le déga-

gement d'électricité est attribué par quelques-uns à un changement dans l'état des corps; mais si l'on s'en rapporte aux yeux, on est fondé à ne reconnaître d'autre cause qu'une action chimique. Cette opinion se trouve encore étayée par ce fait que l'oxygène intervient constamment dans le développement d'électricité. De la Rive a trouvé qu'en mettant en communication le zinc avec le cuivre au moyen de l'humidité, le premier de ces métaux s'oxydait promptement et qu'il se produisait un dégagement d'électricité. Quand il expérimentait dans une atmosphère d'azote pour prévenir cette oxydation, il n'observait aucune trace d'électricité; mais quand il renforçait l'action chimique en portant le zinc dans un acide ou en se servant d'un métal qui s'oxydait plus facilement, le potassium, par exemple, il vit le dégagement d'électricité augmenter dans une proportion notable. On a découvert, en effet, que la production d'électricité et l'action chimique se trouvent être exactement proportionnelles; et ce résultat concorde parfaitement avec cette dernière observation et puise une confirmation ultérieure en ce que l'oxygène est indispensable pour qu'il se dégage de l'électricité pendant l'acte de la végétation. (Voyez Leitheat, *De l'Électricité*, pages 9 et 10.) Mais le docteur Bird a démontré en outre qu'il se produisait de l'électricité libre, non-seulement dans les *décompositions*, mais encore dans tous les procédés de *combinaisons chimiques*. Ce fait sur lequel Becquerel a le premier appelé l'attention, a été complétement rejeté par un grand nombre, ou admis seulement pour la combinaison de l'acide nitrique avec les alcalis. « Maintenant que j'ai répété les expériences tant de Becquerel que de Pfaff, Mohr, Dalk et Jacobi, dit Bird dans ses *Elements of natural Philosophy*, je reste convaincu qu'un courant électrique, quoique de tension très-faible, doit effectivement se produire pendant la combinaison des acides sulfurique, chlorhydrique, nitrique, phosphorique et acétique avec les alcalis fixes et même avec l'ammoniaque. » Peschel fait remarquer à ce sujet qu'il n'est pas douteux que les diverses condensations atmosphériques ne soient constamment accompagnées d'une quantité notable d'électricité qui provoque ce changement dans l'état d'agrégation de la vapeur d'eau, laquelle exerce toujours une grande influence sur la production de l'électricité atmosphérique. Clarke s'est, de plus, attaché à démontrer qu'il existe une certaine relation entre les oscillations qu'on remarque dans l'air, dans les quantités de vapeur d'eau et d'électricité. (Voyez Peschel, *Elements of Physics*, vol. III, pages 173-175.) Or, comme dans toutes les circonstances de température, l'évaporation ne cesse de se produire à la surface de l'Océan, de la terre ferme, des lacs et des rivières, il faut nécessairement que ces résultats soient considérables. Mais quant à la manière dont elle provoque ce dégagement d'électricité, si c'est par l'action de l'oxygène sur le règne végétal ou par son action sur l'eau, voilà ce que nous ne savons pas encore et ce qui échappera peut-être pour toujours à nos investigations. On comprend, du reste, sans grand effort d'esprit que cette électricité rendue libre par l'un ou l'autre des différents procédés, doit varier considérablement suivant le climat, l'époque de l'année, le lieu et la hauteur des couches atmosphériques. (Comparez *Forbe's Report on Meteorology*, vol. VI, page 252.)

59. Il paraît que la puissance de l'électricité est, en quelque sorte, proportionnelle à la force qui la provoque. D'après M. Faraday, un grain d'eau acidulée exige pour sa décomposition un courant électrique continu pendant 3'45'' suffisant pour maintenir à la chaleur rouge, dans l'air, pendant le même temps, un fil de platine de 1/104ᵉ de pouce de diamètre; comparaison qui en dit bien plus que, quand Faraday estime, d'un autre côté, que la quantité d'électricité ainsi développée est égale à celle qui se dégage des plus violents coups de foudre. Si, maintenant, on se rappelle qu'il y a constamment de l'eau décomposée pendant la fermentation et la putréfaction des corps à la surface du globe et que cette décomposition exige une très-grande dépense d'électricité, on comprendra aisément qu'il faut la production incessante d'une énorme quantité de ce fluide, pour subvenir à tous les besoins de la nature.

60. Les magnifiques expériences de Faraday ont établi l'identité du galvanisme et du magnétisme avec l'électricité, puisqu'elles ont permis de reconnaître la présence de l'étincelle électrique dans tous les trois. Il est très-probable que cette force unique ou triple agit en même temps ou alternativement pour provoquer tous les changements qui s'opèrent continuellement dans l'atmosphère; car il n'est presque pas

possible que l'atmosphère qui enveloppe notre globe d'un léger voile, et qui de tout temps a suivi ce dernier dans son mouvement journalier autour de son axe comme dans son mouvement annuel autour du soleil, puisse éprouver des changements aussi variés sans l'action constante d'une cause qui les provoque ; et aucune cause ne peut être considérée comme telle, avec plus de vraisemblance que l'influence si efficace de tous ces agents, dont la nature et l'origine ont, jusqu'à présent, échappé aux recherches les plus minutieuses. Il est très-probable qu'ils agissent simultanément et que chacun apporte sa part pour entretenir perpétuellement l'atmosphère dans un état d'électricité positive, et la surface de la terre, dans un état d'électricité négative. L'air étant un mauvais conducteur de l'électricité, Kœmtz a pu comparer l'atmosphère à une grande batterie électrique dont l'armure négative serait représentée par la superficie du sol et dont la couche supérieure de l'atmosphère formerait l'armure positive.

61. C'est en 1835 que Wheatstone communiqua à l'Institut royal de Londres son importante découverte destinée à mesurer la vitesse de l'électricité. Cette vitesse est de 288,000 milles anglais par seconde.

62. **Électromètre.** — Cet instrument qui sert à mesurer l'électricité est très-utile au cultivateur, car il lui apprend, de la façon la plus sensible, qu'il existe ou non de l'électricité libre dans l'air ; et comme l'action de ce fluide doit toujours se faire sentir dans l'un ou l'autre endroit, il est bon qu'il ait des indica-

tions qui puissent le rassurer et lui faire prendre les dispositions capables, si c'est possible, de conjurer le danger. Le meilleur électroscope est celui de Bohnenberger qui se compose de deux lames d'or placées entre deux petites colonnes de sureau, le tout étant enveloppé d'une cloche de verre. C'est un instrument très-délicat, qui, pour ne pas être dérangé, demande à n'être pas exposé à l'humidité ou à la poussière.

63. La distribution très-générale du fluide électrique dans tous les corps, la facilité avec laquelle on peut rendre son action manifeste et l'action même qu'il développe dans le voisinage immédiat d'une végétation luxuriante, a fait supposer qu'il serait possible de favoriser beaucoup le développement de cette dernière, si l'on trouvait le moyen de diriger à travers les plantes en pleine croissance une quantité d'électricité plus grande qu'à l'ordinaire. On a cru pouvoir y réussir par l'emploi de fils métalliques, et on a fait des expériences pour conduire l'électricité dans les plantes à travers le sol, ce qu'on a désigné sous le nom d'*électro-culture*. Jusqu'à présent, cependant, on n'est encore arrivé qu'à des résultats très-contradictoires et peu propres, dans leur ensemble, à encourager dans la voie d'expériences ultérieures.

64. L'électricité, dit Peschel, paraît jouer un rôle important dans les diverses phases du développement des plantes, C'est ainsi qu'on a observé que, dans les journées très-chaudes, immédiatement après le coucher du soleil, un grand nombre de plantes dégagent des

étincelles quand elles se trouvent en pleine floraison.
En outre, on a établi, par des expériences galvanomé-
triques que des courants électriques de tension très-
faible se sont produits dans l'intérieur du tissu de ces
plantes ; on a de même constaté qu'un développement
continu d'électricité a lieu, notamment pendant la formation des boutons, par suite du dégagement d'acide
carbonique dans l'air, et que cela a même lieu pendant
tout le temps de la végétation. Zawadski, qui s'est le
plus occupé de ce genre d'observations, a trouvé que
ces étincelles électriques se présentent plus particulièrement dans les fleurs de couleur orange, telles que le
Calendula officinalis, le *Tropœolum*, le *Lilium bulbi-
ferum*, le *Tagetes patula* et *erecta*, qu'elles se montrent le plus fréquemment pendant les mois de juillet
et d'août et que des fleurs de même espèce émettent une
série d'étincelles successives. Le docteur Donné a de
même consacré à cette question un grand nombre
d'expériences, d'où il résulte que dans certaines espèces
de fruits, un courant électrique se dirige de la queue
au sommet, tandis que dans d'autres espèces ce courant
a lieu en sens inverse. Blacke a établi l'existence de
ces courants par des expériences analogues, et il croit,
en outre, avoir découvert qu'ils se dirigent également
du pétiole vers le parenchyme de la feuille ; il croit, de
plus, que la direction de ce courant se trouve confirmée par la décomposition chimique qu'il provoque ;
enfin, il prétend que la feuille elle-même se trouve,
par là, électrisée positivement, tandis que l'air ambiant
est affecté d'électricité négative. (Peschel, *Elements of*

Physics, vol. III, page 185.) Il ne parait donc pas douteux qu'une certaine liaison existe entre la végétation et une sorte d'état électrique, quoiqu'on n'ait pas encore réussi à préciser d'une manière exacte les résultats de cette liaison.

65. Théorie électrique de la végétation. — Un auteur anonyme a publié, dans ces derniers temps, une théorie de physiologie végétale reposant sur l'électricité. Comme cet agent mystérieux exerce, sans aucun doute, une puissante influence sur tous les phénomènes de la nature, il peut ne pas paraître hors de propos d'en consigner ici quelques extraits.

66. « Jusqu'à présent, » dit l'auteur, « l'électricité a toujours été considérée comme composée d'un seul ou bien de deux fluides, sans qu'on soit parvenu à se prononcer entre l'un ou l'autre. J'adopterai la théorie des deux fluides, non qu'elle me paraisse plus simple, mais parce qu'à mon avis elle se trouve mieux en harmonie avec les principes et les règles de la science et concorde davantage avec des faits observés en agriculture. La théorie des deux fluides (dont l'un est appelé fluide *positif* et l'autre fluide *négatif*) une fois adoptée, nous trouvons qu'ils pénètrent tous les corps; mais comme, en général, ils s'y rencontrent en égale quantité, leur action est nulle et on ne saurait les y reconnaître. Ce n'est que lorsqu'ils sont séparés par l'un ou l'autre procédé, que leur présence devient manifeste. Le simple contact des corps pointus suffit pour troubler leur équilibre, ce qui a lieu également pendant la végétation, la fermentation, la putréfaction, dans les

divers phénomènes de combustion, etc., bref dans toute espèce de décomposition simple. »

67. « Une loi constante dans l'électricité devenue libre, » continue le même auteur, « c'est sa propriété de ne se trouver qu'à la surface de toutes les substances. Les fluides similaires se repoussent, et ceux de nom contraire s'attirent ; si donc une sphère de quelque corps de forme à peu près sphérique possède l'une ou l'autre espèce d'électricité, celle-ci se répand uniformément sur toute la surface, et il en est de même quand la sphère renferme les deux électricités en quantité égale, à cette différence près que celles-ci se réunissent et se trouvent, par là, à l'état latent, c'est-à-dire qu'elles ne peuvent être reconnues. Parmi les diverses substances, les unes conduisent l'électricité et d'autres ne le font pas ; ce qui veut dire qu'elle glisse sur la surface d'un certain nombre d'entre elles, tandis qu'elle se trouve retenue dans d'autres. Du reste, cette propriété dépend visiblement de la tension de la force électrique et des caractères propres de la substance. On entend dire souvent que la terre est un bon conducteur et qu'elle constitue le grand réservoir de l'électricité, et l'on présume que le sol doit être la source d'où le fluide électrique s'écoule. L'atmosphère ou l'air qui entoure la terre est d'une nature opposée, c'est-à-dire un non-conducteur des deux électricités ; mais comme il contient toujours de l'humidité qui conduit l'électricité, elle est, sous ce rapport, sujette à des changements. Maintenant, il est clair que si l'air qui, dans tous les temps, contient plus ou moins d'hu-

midité se trouve électrisé positivement, le fluide électrique se répandra uniformément sur chaque molécule
de la vapeur d'eau, et que quand cette humidité tombe
sur le sol sous forme de pluie, de rosée, etc., elle lui
communique son électricité. Or, comme l'atmosphère
et la terre se trouvent continuellement en contact l'une
avec l'autre, il se produit un échange très-fréquent
d'humidité et de fluide électrique ; la première le communique à la seconde par voie d'induction, tandis que,
d'autre part, cela a lieu pendant l'acte de la végétation, ou bien au moyen de l'évaporation. Si la terre
est électrisée positivement, il en sera de même de l'eau
qui existe à sa surface ; et si cela est exact, on peut
admettre que cette électricité passe dans l'air par suite
de l'évaporation, et que de cette manière elle se trouve
enlevée au sol durant tout le temps qu'il y a trêve dans
le phénomène de l'induction des couches supérieures
vers les inférieures. Bien entendu que ce dernier ne
peut avoir lieu que sous certaines conditions favorables,
notamment quand le sol se trouve dans un état poreux,
tel que l'air le traverse suffisamment ensuite par un
temps serein, et quand l'air se trouve électrisé positivement. Toutefois, il est clair comme le jour que ces
conditions ne se rencontrent que dans certains temps,
tandis que, d'autre part, on ne saurait nier qu'il se
dégage constamment de l'électricité positive dans l'air,
puisque, sans aucun doute, l'évaporation a lieu sous
toutes les températures. La cause la plus vraisemblable
qu'on puisse assigner à l'état d'électricité positive de
l'air est la végétation qui doit lui en envoyer une quan-

tité étonnante ; et ce qui ajoute encore au degré de vraisemblance de cette idée, c'est que l'air provoque la végétation en passant dans le sol. Cette opinion peut encore s'appuyer sur un fait. C'est ainsi qu'on a découvert qu'il se trouve une plus forte quantité d'électricité positive dans l'air en hiver qu'en été, résultat qui ne saurait provenir que de ce que l'air absorbe toute l'électricité positive qui s'est dégagée des différentes eaux existant à la surface du globe, tandis qu'il ne cède en retour que tout juste la quantité qui est apportée au sol par la rosée et la pluie, parfois peu abondante dans cette dernière saison. D'un autre côté, pendant tout l'hiver, le sol reçoit de l'air une énorme quantité d'électricité positive qui le rend éminemment propre à favoriser le retour de la végétation au printemps suivant. En outre, il n'existe pendant l'hiver aucun obstacle à l'action du phénomène de l'induction, qui doit se poursuivre sans interruption, puisque les champs sont entièrement dégarnis de récoltes. Or, quelle que soit la rapidité avec laquelle l'électricité négative de la surface du sol se trouve saturée par l'électricité positive de l'air, elle est enlevée immédiatement et remplacée tout aussi rapidement, ce qui a lieu sans interruption, excepté toutefois quand l'atmosphère est sèche et calme, où l'air à l'état neutre, qui occupe à la surface du sol une couche de 3 à 4 pieds, ne se trouve pas mis en circulation par les vents et renouvelé par de l'air chargé d'électricité positive, et qu'il ne constitue pas non plus un corps conducteur, puisqu'il ne contient pas d'humidité. Cet état, du reste, est rare dans nos climats, non-seulement parce qu'il se dépose dans presque tous les temps de l'humidité sous l'une ou l'autre forme pendant la nuit, mais que cela a encore généralement lieu pendant le jour. »

68. Après avoir décrit en peu de mots la structure des végétaux, l'auteur passe en revue les conditions d'électricité dans lesquelles se trouvent les éléments organiques et inorganiques qui les constituent.

69. **L'oxygène** est dans un état d'électricité négative, et quand il forme des combinaisons avec les alcalis et les terres, il les change en corps non conducteurs et rend ainsi un véritable service à la végétation en retenant à son profit le fluide électrique. On a constaté, en outre, que par sa réunion avec tous les autres corps, il développe constamment un dégagement d'électricité.

70. **L'hydrogène** possède l'électricité positive, car il se combine chimiquement avec l'oxygène.

71. **L'azote** est un corps indifférent qui se trouve dans un état d'électricité neutre, c'est-à-dire qu'il renferme les deux espèces d'électricité en quantité égale.

72. **Le carbone** a beaucoup d'affinité pour l'oxygène et peut, par conséquent, être regardé comme étant électro-positif. Il est mauvais conducteur de l'électricité.

73. **L'ammoniaque,** d'après les expériences de Faraday, se rend aux deux pôles de la pile galvanique, et est par conséquent neutre comme l'azote.

74. **L'humus** est un corps très-précieux, puisqu'il

se combine avec l'oxygène et que, sous cette forme, il apporte de l'acide carbonique aux plantes dans toutes les périodes de leur développement. Tant qu'il se rencontre dans le sol, il attire l'humidité à un degré remarquable, la retient, et avec elle le fluide électrique, à l'égard duquel il remplit le rôle de non-conducteur.

75. Tous les corps *inorganiques* des plantes sont mauvais conducteurs, et très-précieux par conséquent, puisqu'ils retiennent le fluide électrique au profit de la végétation.

76. Quant à l'*utilité* des corps inorganiques, en tant qu'ils peuvent être considérés comme nécessaires à la formation du tissu des plantes, l'auteur se range à l'opinion suivante : « Pour moi, » dit-il, « les végétaux ne sont autre chose qu'une forme de cristallisation où les éléments des plantes se combinent absolument de la même manière que cela a lieu dans les autres cristaux. C'est ainsi que les semences, les fruits, etc., sont composés de divers mélanges en différentes proportions d'éléments organiques, avec une faible addition de substances inorganiques. Les éléments organiques sont représentés par la gomme, la fécule, le sucre, etc., qui constituent les principes immédiats dans la composition du tissu des plantes. Mais avant que nous soyons arrivés à ce qu'on pourrait appeler la production finale, c'est-à-dire avant que nous en ayons obtenu des semences, des racines, etc., il faut encore qu'ils se soient combinés entre eux de différentes manières et dans les proportions les plus variées. »

77. Seulement, il ne nous est pas donné de réunir

artificiellement les éléments organiques pour une semblable production végétale, quoique cela ait lieu dans les plantes, et nous nous représentons ce qui doit s'y passer de la manière suivante : L'eau est une combinaison d'oxygène et d'hydrogène ; l'acide carbonique, une combinaison de carbone et d'oxygène, et l'ammoniaque, une combinaison d'hydrogène et d'azote.

78. Or, ceux-ci sont tous contenus dans les éléments organiques des végétaux, se rencontrent partout dans l'air et dans le sol, et se trouvent par conséquent à la portée des plantes. On sait également que l'eau et l'ammoniaque peuvent être décomposés au moyen de l'électricité, et nous n'avons pas de raison pour douter qu'il n'en soit pas de même pour l'électricité qui se trouve dans les plantes à l'égard de ces corps et dans la décomposition de l'acide carbonique. D'où je conclus que le fluide électrique passe, durant le jour, de la terre dans les végétaux, décompose en leurs divers éléments les substances citées plus haut dès qu'il les rencontre dans les extrémités reculées des feuilles ; car la tension de l'électricité est à son *maximum* quand elle s'écoule d'une pointe. Or, ces éléments descendent immédiatement par l'écorce dans les cellules, d'où s'échappe, pendant le jour, une grande quantité d'eau par l'évaporation, et c'est là qu'ils restent jusqu'à ce que leur assimilation se soit achevée pendant la fraîcheur de la nuit, où, par suite du dégagement du calorique, s'opère un retrait dans les cellules et que la rosée y apporte de nouveau du fluide électrique. Je suis porté à croire que, dans ce passage, l'addition d'élé-

ments inorganiques rend de grands services; ils entrent dans des combinaisons avec les acides qui se forment dans les plantes et qui donnent naissance à des sels, et il est de fait que de toutes les substances les sels sont celles qui cristallisent le plus facilement.

79. Nous avons prouvé que le végétal réunit en soi toutes les conditions nécessaires à une cristallisation par voie artificielle. Ces conditions consistent dans l'évaporation de l'eau de dissolution, dans l'absence de tout mouvement et dans la privation de lumière auxquelles il faut encore souvent ajouter un petit grain de sable pour que le phénomène puisse commencer. Nous voyons que les plantes, du moins quand le temps est favorable, trouvent dans le sol tout ce qui est nécessaire pour mettre leurs éléments en état de cristalliser, et par là ils viennent en aide aux combinaisons organiques, abstraction faite de l'avantage que le fluide électrique est ramené au sol par la rosée, sous forme d'un courant qui, à lui seul, comme on sait, est déjà capable de déterminer le procédé de cristallisation, ce qu'on désigne sous le nom d'action électrique lente.

80. L'auteur cite une série de résultats comparatifs dus à l'action combinée de la végétation et de l'électricité; nous nous bornerons à un seul exemple de comparaison entre les actions de l'électricité et celles de la végétation. Il dit : « La plupart des combinaisons ont été reconnues décomposables par le fluide électrique. C'est par la décomposition des alcalis et de différentes terres que Davy s'est acquis un nom immortel. Mais comme cela se voit fréquemment en pareille circon-

stance, les physiciens les plus distingués ont expliqué ce fait d'une manière tout à fait différente. L'explication qui nous paraît la plus vraisemblable est celle de Faraday. Ce physicien admet dans le corps à décomposer une force intérieure des molécules qui est produite par suite du courant électrique qu'on y dirige, et croit que ces éléments, quand ils peuvent agir librement, se rendent chacun à son pôle suivant l'affinité qui existe entre eux.

« Ainsi se trouve établi d'une manière irréfutable que les végétaux décomposent des combinaisons chimiques et que l'eau, l'acide carbonique et l'ammoniaque se trouvent préalablement décomposés dans leurs éléments avant d'être assimilés. Or, en laissant de côté la force vitale, quelle force autre que l'électricité pourrait opérer cette décomposition? Mais rien ne nous autorise à invoquer la force vitale pour l'explication de ce fait, quand nous connaissons un agent capable de produire cette action. » (Voyez *A new Theory of vegetable Physiology, based on Electricity*, pages 16, 22, 27, 35, 42.)

81. Galvanisme. — Quand on établit le contact entre deux corps de nature différente, tous deux bons conducteurs de l'électricité, on voit immédiatement cesser l'état d'équilibre électrique dans lequel ils se trouvaient auparavant. C'est Volta qui, le premier, a découvert cette cause particulière de production d'électricité dans les métaux. Mais déjà en 1797, Galvani, professeur à Bologne, avait observé qu'en touchant un nerf et un muscle du cadavre d'une grenouille avec deux métaux différents, et qu'en mettant ces derniers en communication entre eux, il s'y produisait des mouvements convulsifs. Il attribua cet effet à l'action d'une force particulière développée dans l'organisme animal, et à laquelle il donna le nom d'électricité animale. Jusqu'à nos jours encore, on la voit fréquemment désignée, par respect pour l'inventeur, sous la dénomination d'électricité galvanique ou galvanisme. Mais, peu de temps après, Volta démontra, à l'aide du condensateur électrique qu'il venait d'inventer, que cette électricité n'était nullement un agent particulier ayant son siége dans l'organisme animal, mais qu'elle résultait du contact de deux métaux différents, et que, dans la production de cette espèce d'électricité, les muscles et les nerfs ne se comportaient pas autrement que n'importe quel électroscope. Cette théorie l'amena aux plus importantes découvertes, et, en 1800, à la construction du précieux appareil connu sous le nom de *pile voltaïque*.

82. C'est à l'aide de cet instrument que Faraday apporta une série de preuves à l'appui de l'identité de l'électricité produite par le contact et de celle que produit le frottement. La véritable différence entre ces deux espèces d'électricités, est que dans la batterie voltaïque la cause qui produit le fluide électrique agit sans interruption, et par conséquent quand on l'a mise en contact avec le sol, la tension électrique commence et continue tant que la chaîne de communication reste entière ou qu'il ne survient aucun autre changement; tandis que dans la machine électrique, après que le conducteur ou

une batterie a été chargée, la tension électrique se perd aussitôt qu'on la met en communication avec le sol au moyen d'un corps bon conducteur.

83. Magnétisme. — C'est une force qui est sans influence immédiate sur aucune partie du système nerveux. Les substances auxquelles on a communiqué la vertu magnétique acquièrent la propriété d'attirer certains métaux, développent une force réciproque, en partie attractive et en partie répulsive, et montrent une tendance à ranger leur masse dans une certaine direction.

Quelque simples que puissent paraître ces actions fondamentales isolées, dit Peschel, il faudra nous résigner à ignorer la cause finale qui les produit, jusqu'à ce que nous ayons découvert les lois qui président aux actions réciproques de ces divers agents. Tout récemment cependant, on a fait un grand pas en avant par la découverte de l'électro-magnétisme et de l'électricité magnétique, et on a mis hors de doute que la lumière, la chaleur et l'électricité ne sont pas sans exercer une action sur la vertu magnétique, qui, à son tour, agit sur les trois premiers corps. Nous pouvons donc émettre l'hypothèse que la sphère magnétique est beaucoup plus étendue que la simple production de ses forces attractive et répulsive ne le ferait croire, et que probablement un grand nombre de phénomènes doivent être attribués, en définitive, à l'influence du magnétisme, quoique la nature de leur combinaison avec cette force nous soit encore entièrement inconnue.

84. Une preuve de la présence simultanée des actions lectrique, voltaïque et magnétique nous est fournie par

ce fait que l'étincelle électrique peut également être observée dans la pile voltaïque et dans l'aimant; et quand on isole la pile voltaïque, elle montre une analogie frappante avec la polarité d'une barre magnétique, dont une moitié est électrisée positivement, tandis que l'autre accuse l'électricité négative; et de ce qu'elle prend la direction de l'aiguille magnétique, quand on la tient suspendue, on peut, de même, déduire une identité correspondante avec le voltaïsme. De ces trois forces, l'électricité paraît être la plus facile à développer, puisqu'il n'est pas possible de produire des actions voltaïque et magnétique, sans qu'il se manifeste également des phénomènes électriques.

85. Le sol a été comparé à une pile voltaïque constituée par les particules des différentes espèces de terres, qui sont de véritables oxydes métalliques et qui se trouvent séparés les unes des autres, quoique constamment mises en communication par l'humidité qui provient de la pluie et qui tient en solution les alcalis et acides qui se rencontrent dans le sol. L'action voltaïque entre ces particules est provoquée par les mêmes circonstances qui développent l'action de la pile voltaïque, et cette action se montre d'autant plus intense que ces corps se trouvent accidentellement entre eux dans un rapport plus immédiat et que les mêmes conditions de la pile voltaïque s'y montrent plus prononcées.

86. On suppose que le magnétisme terrestre réside dans deux fluides qui n'entrent jamais séparément en combinaison avec les molécules de la matière, mais

constamment tous les deux à la fois ; et quand un corps
les contient dans des proportions relatives telles qu'ils
se neutralisent mutuellement, on dit de lui qu'il n'est
pas magnétique, Mais aussitôt qu'on trouble cette condition d'équilibre, on voit commencer un état magnétique
qui se déclare constamment dans les deux pôles et
jamais dans un seul. Tout corps qui possède cet état de
polarité acquiert, à son tour, par là même, la propriété
de rompre, dans des limites déterminées, l'équilibre
magnétique chez tous les autres corps de même espèce.
Hausbein pense que tous les corps à la surface du globe
reçoivent de la polarité magnétique dans une certaine
mesure, et croit avoir observé que, près de terre et
sur le côté nord d'un arbre, d'un poteau, d'une colonne, etc., l'aiguille magnétique exécute un plus grand
nombre d'oscillations, dans un temps donné, que sur
le côté méridional, tandis que si l'on porte cette même
aiguille magnétique à la partie supérieure de ces objets,
on remarque que le contraire a lieu ; d'où il conclut
qu'un faible degré de polarité existe dans tous les corps
comme une émanation du magnétisme terrestre, et que
leur partie inférieure qui se trouve en terre constitue
le pôle nord, et la partie supérieure le pôle sud.
(Voyez Peschel, *Elements of Physics*, vol. II, pages 265
et 316, vol. III, page 70.)

87. On objectera peut-être que le voltaïsme et le
magnétisme n'ont pas de rapports directs avec la culture du sol ; cependant, dans ces derniers temps, on a
recommandé à l'attention des cultivateurs un système
de culture spécialement fondé sur les principes de ces

sciences, qu'on a désigné sous le nom de *culture électrique*. Nous réservant de décrire plus bas, en son lieu
et place, le procédé à suivre pour obtenir un appareil
électrique capable d'atteindre ce but, nous nous con-
tenterons de faire remarquer ici qu'il n'est pas douteux
qu'on puisse développer un courant électrique à l'aide
d'un système de fils qui viendraient aboutir dans l'air
et qui se prolongeraient dans le sol tout autour d'une
pièce de terre; la présence du courant dans ce cas
devient clairement visible par les vibrations de l'aiguille magnétique. Ces courants électriques, — pour
parler plus exactement, puisqu'il part de chaque bras
un semblable courant qui se dirige dans deux directions opposées, — seront accompagnés de courants
magnétiques en spirale dont la tension est probablement en rapport avec celle de l'électricité; ceux-ci
provoqueront dans le sol une certaine action voltaïque,
qui ne peut être que faible et n'avoir que la durée de
quelques instants. Il me paraît, du reste, peu probable
qu'une semblable disposition puisse exercer la moindre
influence bienfaisante sur les corps qu'on placerait en
dedans du cercle tracé par les fils métalliques, puisque
l'électricité qui descend des fils verticaux se répandra
dans le sol, avec la même vraisemblance, en bas et à
côté des fils horizontaux que dans l'intérieur de l'espace qu'ils renferment. Je suis même tenté de croire
que ces fils métalliques qu'on placerait dans le sol
auraient bien plutôt pour effet de soutirer une grande
partie de l'électricité qui s'y trouve renfermée que d'en
augmenter la quantité. Pour qu'on pût attendre un

remarquable résultat d'une semblable expérience, il faudrait que chaque tige des plantes fût entourée d'un fil; alors seulement il deviendrait possible de mettre l'électricité à la portée immédiate des plantes, si, toutefois, ce mode de conduire l'électricité peut être avantageux. Je pense qu'il vaudrait mieux essayer de mettre le sol même dans une action voltaïque qui, quoique faible, n'en pourrait pas moins avoir une action très-remarquable, puisqu'elle se prolongerait pendant longtemps.

88. **Chaleur** *(calorique)*. — La chaleur fut comptée au nombre des agents chimiques, avant que les physiciens eussent divisé tous les corps en pondérables et en impondérables, division dans laquelle elle a été rangée parmi les corps impondérables, conjointement avec l'électricité, le magnétisme et le galvanisme.

89. Considérée comme un élément général, la chaleur peut être envisagée comme une force agissant en sens inverse de l'action de la pesanteur. Si cette dernière agissait seule, tous les corps de la nature finiraient par prendre la forme solide et dès lors les êtres animés disparaîtraient de la surface du globe.

90. La chaleur possède la propriété de tenir à distance les molécules qui composent les corps, et ces derniers conservent alors ou prennent la forme solide, ou bien ils deviennent liquides ou gazeux, suivant que leurs atomes se trouvent rapprochés ou écartés les uns des autres; plus ils sont distants, plus est faible la force de cohésion qui les maintient réunis entre eux. Dans ces divers états, les corps doivent montrer des

particularités variables suivant la quantité de chaleur qui s'y trouve renfermée.

91. La chaleur est invisible, impondérable, d'une grande force expansive et pénètre tout dans la nature. Elle ne devient sensible que quand elle développe une tendance à reconstituer son équilibre, où elle se distribue alors uniformément dans tous les corps qui l'entourent. On appelle *température* d'un corps la quantité de chaleur qu'il contient dans un temps donné. Quand la chaleur cesse de se mouvoir et qu'elle se trouve temporairement dans un état de repos, pendant lequel elle se combine intimement avec les atomes de la matière, sans toutefois provoquer quelque changement dans son état d'agrégation, on dit qu'elle est *latente* (cachée). La température reste la même, mais la quantité de chaleur latente devient plus grande quand les corps passent de l'état solide à l'état liquide, et de ce dernier à l'état gazeux.

92. Dès que la chaleur devient sensible ou libre, elle dilate la forme des corps dans lesquels elle se trouve renfermée. C'est sur cette propriété que repose une série d'instruments utiles, désignés sous le nom de thermomètres.

93. **Thermomètre.** — Le thermomètre à mercure ordinaire est à peu près un instrument parfait et a fourni le moyen d'établir des faits extrêmement importants pour la science. Il permet seulement de mesurer la température sans indiquer les variations qui surviennent dans l'atmosphère d'une manière aussi claire que le baromètre, et surtout il ne saurait prédire

ces changements comme le fait ce dernier instrument.

94. Le thermomètre qui sert à déterminer la température de notre atmosphère, a été inventé en 1590 par Sanctorius. Dans le principe, c'était un instrument très-imparfait, sans échelle fixe et où l'air était employé comme corps thermométrique. Par suite de la découverte du baromètre, on ne tarda pas à s'apercevoir qu'un semblable thermomètre était influencé non-seulement par la température, mais encore par la pression de l'air, et pour obvier à cet inconvénient, on fit alors usage de l'alcool comme du liquide le plus propre à servir de substance thermométrique, puisqu'il se dilate très-fortement par la chaleur ; mais on découvrit, par la suite, que cette dilatation était loin d'être uniforme. Rœmer, de Dantzig, fut le premier qui proposa de substituer le mercure à l'alcool. Croyant que l'alcool se dilatait, dans une proportion uniforme, par l'élévation de température, « Réaumur, » dit Peschel, « conserva ce liquide comme substance thermométrique, et comme il avait découvert que cette dilatation, à partir du point de congélation jusqu'au point d'ébullition de l'eau était de 0,08 de son volume, il divisa son échelle en 80 parties égales. De Luc découvrit et rectifia cette erreur, et remplaça l'alcool par le mercure, tout en conservant l'échelle de Réaumur. Malgré ce changement important, ce thermomètre a conservé le nom de Réaumur. » (*Elements of Physics,* vol. III, page 151.) Le mercure présente de grands avantages sur les autres substances thermométriques; il se dilate d'une manière très-uniforme et possède la

précieuse propriété de pouvoir indiquer la température sur une grande largeur. Dans le principe, on n'avait qu'un seul point de départ, celui où le mercure se trouve dans le tube quand la glace commence à se fondre et on faisait les degrés de l'échelle $= 10/1000^e$ partie de la quantité de mercure renfermée dans la boule du thermomètre. Il était réservé à l'ingénieux Fahrenheit, physicien danois, qui expérimentait en Islande, de déterminer un autre point fixe pour la division de l'échelle, notamment le point d'ébullition de l'eau sous la pression ordinaire de l'atmosphère, qu'il marqua sur son échelle par 212°, tandis que le point de la glace fondante était désigné par 32°.

Ce thermomètre, d'un usage universel en Angleterre, est moins répandu sur le continent, où l'on se sert plus fréquemment du thermomètre Réaumur et du centigrade. Quoique le zéro de l'échelle de Fahrenheit soit fixé arbitrairement, puisque Fahrenheit était parti de l'idée erronée qu'un mélange de sel et de glace produisait le plus grand froid possible, elle n'est pas sans présenter certains avantages sous le climat de l'Angleterre; car il est situé assez bas pour que le mercure descende rarement en dessous, ce qui rend la désignation des degrés par les signes $+$ ou $-$ passablement inutile. Dans le thermomètre Réaumur comme dans le thermomètre centigrade, le zéro est formé par le point de la glace fondante (point de congélation de l'eau) et la division du premier de ces instruments jusqu'au point d'ébullition de l'eau compte 80 parties égales appelées degrés (°), tandis qu'elle est de 100 dans le second.

Du zéro de ces deux instruments jusqu'au zéro de l'échelle de Fahrenheit, il y a encore 32°.

L'invention du thermomètre centigrade est due à Celsius, physicien suédois; ce thermomètre se substitue de plus en plus aux deux autres, surtout pour les travaux scientifiques.

95. Il existe encore des thermomètres inventés par le docteur F. Rutherfurd, qui, au moyen d'une disposition extrêmement ingénieuse, permettent de voir le plus haut et le plus bas point où le mercure est arrivé, même après que ce dernier est de nouveau monté ou descendu. Les Anglais les désignent sous le nom de thermomètres *self-registering*; en France, ils portent le nom de thermomètres *à minima* et *à maxima*.

96. Tous ces divers thermomètres doivent être suspendus de telle sorte qu'ils ne soient exposés ni à l'action directe des rayons solaires, ni à la chaleur réfléchie. Devant une fenêtre ou à un mur, on les placera, si c'est possible, du côté du nord et on les suspendra librement, puisque sans ces précautions, ils indiquent, la plupart du temps, une température trop élevée.

97. Un simple thermomètre ordinaire coûte, en Angleterre, de 5 à 14 schell., tandis que sur le continent on peut obtenir d'excellents instruments à 1 et 2 florins. Le prix des plus petites espèces de *self-registering thermom.* de Ruthersfurd est à Londres de 10 schell.

98. L'emploi du thermomètre ne nous apprend que peu de chose relativement à la manière d'être de la chaleur dans les différents corps.

Le docteur Arnott fait observer dans ses *Elements of Physics*, vol. II, part. I, page 114, que le thermomètre ne donne qu'une idée très-restreinte de la chaleur; il n'indique, en effet, que ce que j'appellerai les efforts du calorique pour se répandre au dehors. C'est ainsi qu'il ne montre point qu'une livre d'eau demande pour s'échauffer d'un degré, 30 fois autant de chaleur qu'une livre de mercure; il ne nous accuse point la somme de calorique que les corps absorbent pour devenir liquides, ni surtout le calorique latent, qui, en effet, n'a été ainsi appelé que parce qu'il échappait à l'action du thermomètre; il ne nous dit point que le calorique renfermé dans un hectolitre d'eau est plus considérable que celui qui se trouve renfermé dans une pinte; enfin la dilatation de la substance thermométrique n'est que l'excédant de sa propre dilatation sur celle du tube de verre dans lequel elle se trouve renfermée, et que par conséquent elle est sujette à toutes les irrégularités inhérentes à la dilatation de ces deux corps; toutes choses qui démontrent que les indications du thermomètre, quand elles ne sont pas expliquées par la connaissance des règles générales de la chaleur, ne nous apprennent pas plus sur le véritable rapport du calorique dans les corps que l'argent qui se trouve par hasard dans la poche d'un homme ne peut donner une idée de l'état de sa fortune.

99. En général, les corps se dilatent beaucoup plus que leur température ne s'élève, et cette dilatation augmente à mesure que la cohésion diminue entre les diverses molécules par leur éloignement. C'est ainsi

que cette dilatation, par suite de l'absorption du calorique, est beaucoup plus considérable dans les corps
liquides que dans les solides, plus considérable dans
les gaz que dans les liquides. La propriété que possède
l'air de se dilater considérablement a donné l'idée
d'utiliser, comme force motrice, la force qu'il développe en se dilatant. La somme de chaleur nécessaire
pour produire un pied cube de vapeur ordinaire suffit
pour doubler le volume de 5 pieds cubes d'air atmosphérique. Quoique la puissance destructive que l'air
échauffé exerce sur les soupapes ait fait échouer tous
les moyens mis en œuvre pour construire des machines
à air, un jour viendra où l'on saura parer à cet inconvénient et ce qui vient d'être dit suffit pour faire prévoir
ses avantages sur la vapeur.

100. Machines à vapeur. — Les différents corps
en se dilatant exigent des quantités variées de calorique pour arriver à la même température, ce qu'on
est convenu d'appeler leur *capacité calorifique*. C'est
cette propriété qui fait de la vapeur une force si puissante et si avantageuse, et, jusqu'à présent encore, la
machine à vapeur trône sans rivale comme force motrice. Telle qu'elle est sortie des mains de Watt, cette
machine paraît avoir réalisé le dernier degré de la perfection. Je ne puis résister au plaisir de citer textuelle-
ment le bel éloge que le docteur Arnott fait, dans ses
Elements of Physics, de cette machine aussi simple
qu'ingénieuse. Voici comme il s'exprime : « Cette machine
règle, avec une précision et une uniformité parfaites,
le nombre de ses coups dans un temps donné, puis-

qu'elle les compte et les régularise, pour indiquer ce qui a été effectué, absolument comme une horloge règle les oscillations du pendule ; elle règle la quantité de vapeur qui peut être employée, l'intensité du feu, l'eau dans la chaudière, l'emploi de la houille pour le chauffage ; elle ouvre et elle referme ses soupapes avec une précision mathématique ; elle pourvoit même de l'huile nécessaire les articulations et les charnières, et éloigne des parties qui doivent rester vides, l'air qui pourrait s'y introduire et quand l'une ou l'autre chose ne marche pas bien et qu'elle-même n'y peut pas remédier, elle donne le signal par un coup de sonnette pour avertir le machiniste. Douée de toutes ces propriétés et développant une force de 600 chevaux, elle obéit cependant à la main d'un enfant ; elle prend pour nourriture des charbons de terre ou de bois, du bois ou autre combustible ; elle ne consomme rien quand elle ne fonctionne pas et ne se fatiguant jamais, elle n'a pas besoin de repos ; nullement sujette à aucune maladie, quand elle sort bien construite de l'atelier, elle ne refuse ses services que lorsqu'elle est usée par l'âge ; elle convient également sous tous les climats et peut être employée à toutes sortes de travaux. Elle remplit le rôle de mineur, de voilier, de fileur de coton, de meunier, etc., et lorsque, sous forme de locomotive, elle est montée sur des rails, la machine à vapeur traîne après elle des milliers de kilog. de marchandises et jusqu'à un régiment entier de soldats avec une vitesse qui laisse bien loin derrière elle celle de nos carrosses les plus rapides. Oui, elle est la reine de toutes les machines et la constante réalisation de ce génie fantastique, tant chanté dans les poëmes orientaux, et dont les forces surnaturelles viennent, à de certains moments, en aide aux efforts de l'homme. »

101. Chaque jour, on voit augmenter en agriculture l'application de la vapeur aux machines fixes. Partout elle remplace les moulins à vent et même les roues hydrauliques, là où la force de l'eau est peu économique; on l'emploie à couper le fourrage et à concasser les céréales, et on ne désespère pas de l'appliquer avantageusement à labourer le sol ; depuis plusieurs années déjà, un certain M. Heatscote a fait des expériences avec une charrue à vapeur devant la *Highland and Agriculture Society*, sur la propriété de Cochar Moss, près Dumfries. Mais la locomotive est encore aujourd'hui une machine trop coûteuse pour l'utiliser à une besogne où surviennent tant d'accidents imprévus qui obligent à arrêter l'instrument.

102. **Évaporation.** — Même quand l'eau reste tranquille, elle prend continuellement dans l'air du calorique à l'aide duquel elle s'élève dans les régions supérieures sous forme de vapeur. Un pouce cube d'eau distillée (sous la pression de 30 pouces de la colonne barométrique et 32° Fahrenheit) pèse 15 grammes, et 1 pouce cube d'air 0,02 grammes, 1 pouce cube de vapeur, à 212° Fahrenheit, 0,038 grammes, l'air atmosphérique étant représenté par 1,000. Le calorique donc, en changeant l'eau en vapeur, la rend plus légère que l'air, et nous voyons à chaque instant avec quelle vitesse les vapeurs s'élèvent dans l'atmosphère. Il est probable que c'est l'électricité qui les maintient dans cet

état de dilatation après qu'elles se trouvent hors de portée de la chaleur qui leur a donné naissance, et que c'est elle qui empêche qu'elles ne perdent leur calorique par le mélange avec l'air. La présence de la vapeur d'eau dans l'air exerce une véritable influence sur les fonctions des plantes et des animaux, qui languiraient et périraient si celle-ci faisait défaut.

103. La quantité d'eau contenue dans l'atmosphère est variable. Le tableau suivant donne le poids de 10-10° d'un pied cube de vapeur d'eau, à différentes températures de l'air, et montre clairement que la quantité de vapeur tenue en suspension dans l'atmosphère augmente avec sa température :

Température en degrés.	Poids en grains.
0	0,856
10	1,208
20	1,688
30	2,361
40	3,239
50	4,535
60	6,222
70	8,392
80	11,333
90	15,005

104. **Nuages.** — Lorsque, par une cause ou par une autre, la température de l'air s'abaisse, ses diverses molécules se rapprochent, et avec elles les molécules de la vapeur d'eau qui s'y trouve en suspension ; et de

même que la vapeur peut être aperçue quand elle se mêle à de l'air, de même aussi la vapeur d'eau devient visible, lorsqu'elle se condense par suite d'un abaissement de température, et donne ainsi naissance aux nuages dont l'épaisseur et l'étendue varient énormément par rapport à la hauteur à laquelle ils flottent. C'est en gravissant de hautes montagnes, où l'on se voit souvent forcé de traverser, l'une après l'autre, différentes couches de nuages qu'on peut le mieux juger de leur hauteur, et les montagnes forment ainsi une espèce d'échelle qui permet de voir la hauteur des nuages. Crossthwaite a fait, dans l'espace de cinq années, les observations suivantes sur la hauteur et le nombre des nuages :

Hauteur des nuages.				Nombre des nuages.
De	0 — 100 aunes.	. .	10
»	100 — 200 »	. .	42
»	200 — 300 »	. .	62
»	300 — 400 »	. .	179
»	400 — 500 »	. .	374
»	500 — 600 »	. .	486
»	600 — 700 »	. .	416
»	700 — 800 »	. .	367
»	800 — 900 »	. .	410
»	900 — 1,000 »	. .	518
»	1,000 — 1,050 »	. .	419
			3,283
Au-dessus de 1,050 »		. .	2,098

Par conséquent, le rapport du nombre des nuages situés au-dessus d'une hauteur de 1,050 aunes était à celui de ceux qui se trouvaient en dessous comme 2,098 : 3,283 ou environ 10 : 16.

105. **Rosée**. — L'évaporation spontanée envoie dans les couches inférieures de l'atmosphère une grande quantité de vapeurs d'eau qui ne s'élèvent pas assez haut pour former un brouillard, mais qui sont de nouveau déposées sous forme de rosée en gouttelettes sur les extrémités des corps à surface rugueuse, tels que les feuilles des graminées et autres plantes analogues.

106. Depuis Aristote jusqu'à Wells, un grand nombre de naturalistes ont établi des théories sur la formation de la rosée. « D'après Aristote, dit Wells dans son écrit *sur la Rosée,* page 1-116, 2ᵉ édition, 1815, la rosée est une espèce de pluie qui se forme dans les couches les plus basses de l'atmosphère, lesquelles contiennent une grande quantité d'humidité qui se condense en gouttelettes par suite du refroidissement de la nuit. De semblables opinions sur la formation de la rosée sont encore partagées de nos jours par un grand nombre de personnes, parmi lesquelles on compte l'ingénieux Leslie, d'Édimbourg. Mais cela n'empêche pas que la théorie d'Aristote ne soit erronée, puisque les corps qui s'avancent un peu dans l'air, s'humectent de rosée, tandis que ceux qui se trouvent près du sol, en sont exempts; et cependant ceux-ci devraient nécessairement être tout aussi bien mouillés que les premiers par tout ce qui tombe du ciel. Dufay suppose que la rosée est un phénomène électrique; mais la rosée laisse intacts

des corps qui sont bons conducteurs de l'électricité, tandis qu'elle apparaît sur de mauvais conducteurs.

Toutes les théories qui ont été émises sur la rosée ont
négligé cette circonstance importante que sa formation
est constamment accompagnée d'une production de
froid , oubli dont l'importance était d'autant plus
grande qu'aucune explication d'un phénomène naturel
ne saurait être bien fondée, quand l'une ou l'autre des
circonstances principales a été mal comprise ou a
entièrement échappé à son auteur. Il peut paraître
surprenant que la formation de la rosée ait passé si
longtemps pour la cause du froid qu'on y observait,
et moi-même j'ai longtemps partagé cette opinion.
Mais ce qui me fit douter de la justesse de cette idée,
c'est que certains corps se refroidissent parfois bien
plus que l'air sans se couvrir de rosée, et que si l'on
observe, à différentes époques, celle qui existe, la quantité de cette dernière et son degré de froid ne paraissent pas se trouver, à l'égard l'un de l'autre, dans le
même rapport. Je fus conduit, par là, à la conclusion
*que la rosée devait être le produit d'un froid qui existe
préalablement dans la substance sur laquelle elle se
dépose.* »

La théorie que Wells donne de la formation de la
rosée procède de ce fait que le froid observé pendant
la rosée est un phénomène *antérieur*, et que, par conséquent, sa formation n'a pas d'autre cause immédiate
que celle qui fait que l'humidité se dépose sur les parois
extérieures d'un vase de verre ou de métal, dans lequel

on a versé un liquide notablement plus froid que l'air
ambiant. Les expériences de Wells ont démontré que
de tous les corps de la nature, l'herbe est celui qui se
couvre le plus aisément de rosée, par cela même
qu'elle se refroidit plus, dans les circonstances ordinaires, que l'air qui l'entoure ; car la quantité de chaleur qu'elle fait rayonner vers les espaces planétaires
est supérieure à celle qu'elle est en état de recevoir.
C'est ce qui fait que l'herbe est constamment recouverte
de rosée quand l'air est calme et serein, alors qu'on
n'en observe pas sur d'autres corps.

107. Dufay a prétendu que la rosée était une condensation de la vapeur d'eau qui sort de terre et qui
se dépose immédiatement sur l'herbe ; car les corps
qui se trouvent plus éloignés de la surface du sol,
tels que les couronnes des arbres, restent privés de
rosée, et cette opinion est généralement accréditée.
Mais il n'est pas moins vrai qu'elle aussi est fausse,
car ce phénomène peut se déduire de tout autres
circonstances, puisque notamment la couche inférieure
de l'atmosphère étant plus froide, pendant une soirée
calme et sereine, que celle qui est située au-dessus,
elle est plus difficilement mise en mouvement que cette
dernière ; et comme elle contient une plus grande
quantité d'humidité, elle doit nécessairement en céder
plus tôt une partie. Mais, en même temps, il est certain que de la vapeur d'eau s'élève de terre et qu'elle
se condense en rosée, car nous voyons que l'herbe se
trouve mouillée la première, et ensuite seulement les
substances qui sont situées plus haut, quoiqu'elles in-

diquent toutes deux le même degré de froid. Mais la quantité de rosée qui en provient n'est jamais bien considérable, puisque, avant que l'air des substances sur lesquelles se dépose la rosée se soit refroidi jusqu'au point où il ne peut plus tenir de l'humidité en suspension, il absorbe constamment la vapeur d'eau qui s'est échappée du sol et qui s'est déposée sur l'herbe ou sur quelque autre corps qui se trouve très-près du sol, à peu près comme le souffle qui, par une douce température, vient humecter un miroir, est tout aussitôt emporté par l'air ambiant. D'après une autre opinion, la rosée résulte de la condensation de l'évaporation des plantes; mais c'est encore là une erreur, puisque la rosée se dépose tout aussi bien sur des substances végétales mortes que sur celles qui sont douées de vie, et que si, par suite du rayonnement vers les espaces planétaires, la plante s'est refroidie au point qu'elle est en état d'abaisser la température de l'air ambiant, de telle sorte qu'il ne peut plus se saturer d'humidité, celle qui se forme par l'effet de sa propre respiration ne saurait aucunement s'évaporer. La gelée blanche n'est pas autre chose que de la rosée qui s'est congelée ; mais comme elle n'apparaît que lorsque la surface du sol s'est fermée par suite de la gelée, elle ne saurait se former aux dépens de l'humidité qui s'évapore de terre.

108. Hygromètre. — On appelle ainsi des instruments destinés à indiquer la quantité et l'état de la vapeur d'eau qui se rencontre dans l'atmosphère. Lorsqu'ils n'indiquent que la présence de la vapeur d'eau, sans en indiquer en même temps la quantité, on les désigne sous le nom d'*hygroscopes*.

109. Cette connaissance de l'état hygrométrique de l'air est beaucoup plus intéressante pour les recherches scientifiques que pour la pratique agricole, car l'hygromètre n'annonce l'humidité de l'air que lorsqu'elle s'y trouve déjà, et ne vaux pas mieux, sous ce rapport, que le thermomètre comparé au baromètre, qui lui du moins montre les changements qui doivent survenir dans l'état de l'air.

110. Leslie a construit un excellent hygromètre sous forme d'un thermomètre différentiel, qu'il remplit d'un peu d'acide sulfurique. L'une des deux boules est enveloppée de soie noire qu'on tient humectée, et cette humidité, en s'évaporant, produit du froid ; le degré d'évaporation indique la sécheresse de l'air.

111. Un autre instrument de ce genre, mais très-délicat à manier, est l'hygromètre de Daniells, qui marque le point de formation de la rosée.

112. L'hygromètre de Masson est également très-bon. Il se compose de deux thermomètres fixés verticalement sur un support, et entre lesquels se trouve un tube de verre rempli d'eau qui, à l'aide d'une mèche de bourre de soie, transmet ce liquide à la boule d'un des thermomètres. Quand l'air est très-sec, ces deux thermomètres se conduisent très-inégalement ; la hauteur de leurs colonnes thermométriques s'équilibre davantage quand l'air est plus humide, et finit par atteindre le même niveau quand il est saturé d'humidité. Chaque mois on renouvelle la mèche et l'étoffe de

soie qui recouvre la boule du thermomètre, et l'on remplit le tube de verre d'eau distillée.

113. Cet hygromètre paraît avoir beaucoup de ressemblance avec le psychromètre d'August, que Peschel décrit de la manière suivante : « L'instrument se compose de deux thermomètres très-ingénieusement construits, qui concordent exactement et dont l'échelle s'étend de — 13° à 104° Fahrenheit, en marquant les degrés de cinq en cinq, et même de dix en dix. Tous deux sont fixés dans une position identique, au fond d'une petite boîte, à environ trois pouces de distance. L'une des boules est enveloppée de mousseline, tenue dans un état permanent d'humidité, à l'aide d'un fil de coton qui plonge dans un vase rempli d'eau distillée ; l'autre boule reste sèche. »

114. On peut construire des hygromètres simples avec toutes sortes de substances, telles que des cheveux, de la baleine, de l'ivoire, des peaux d'animaux, des arêtes barbues, de l'épi de la folle avoine, du bois, etc. Toutes indiquent si, au moment où on l'observe, l'air est plus ou moins chargé d'humidité. L'arête de l'avoine sauvage, fixée verticalement sur une carte à jouer, marque, avec sa pointe inclinée, le degré d'humidité. Une soie légère de cochon, fendue par le milieu, et placée par sa partie fendue sur l'arête, constitue un meilleur indicateur que l'arête elle-même. Pour bien graduer cet instrument, on l'humecte et on observe la déviation qu'éprouve l'indicateur ; ce point est désigné sous le nom d'extrême humidité.

On soumet ensuite la barbe à l'action du feu, et et on note le point où elle s'arrête, qui est le point d'extrême sécheresse; et c'est ainsi qu'on obtient entre ces deux points une portion de cercle qu'on peut diviser en degrés. Wells observe que les hygromètres construits avec des substances animales ou végétales, quand on les expose en plein air pendant une nuit sereine, deviennent plus froids que l'atmosphère, et qu'ils indiquent alors plus d'humidité que l'air n'en contient effectivement, par suite de la rosée qu'ils attirent, ou probablement en refroidissant l'air ambiant. C'est ce qui explique le fait observé par de Luc, que l'humidité de l'air déterminée par un temps serein et calme, à l'aide d'un hygromètre, augmente vers le coucher du soleil ou après cette époque avec une vitesse qui est trop grande pour provenir uniquement de la diminution du calorique dans l'air.

115. Ébullition de l'eau. — La pression de l'air s'oppose à ce que les molécules d'eau s'évaporent promptement dans l'atmosphère. Dans le vide, l'eau se change déjà en vapeurs à 32° Fahrenh., ou au point de congélation quand on ne laisse agir sur elle qu'une pression de 1 1/2 onces par pouce carré, et cette pression doit être plus forte à mesure que la température s'élève; à 100°, elle est de 13 onces, à 150°, de 4 livres; à 212°, de 15 livres, à 250°, de 30 livres. Dès que la pression devient beaucoup plus faible que la force d'expansion, on voit commencer le dégagement de vapeurs qui s'élèvent à la surface sous forme de bulles, et occasionnent ce mouvement du liquide qu'on désigne sous le nom d'ébullition. Si la pesanteur de notre atmosphère devenait moindre, l'eau se changerait déjà en vapeur au-dessous de 212° Fahrenh., tandis qu'il faudrait une température plus élevée pour faire bouillir l'eau, si cette pesanteur était plus grande. C'est par ce motif que l'ébullition sur de hautes montagnes a lieu à une température inférieure à 212° Fahrenh., et que cette température est d'autant plus élevée au-dessus de 212° Fahrenh. qu'on descend plus profondément dans les mines. Le point d'ébullition peut donc très-bien servir à déterminer la hauteur d'un lieu au-dessus du niveau de la mer, ou l'élévation d'un lieu par rapport à un autre. Dans son écrit *Sur la Chaleur*, page 413, le docteur Lardner nous donne un tableau de la température moyenne à laquelle l'ébullition de l'eau a lieu dans divers endroits situés à différentes hauteurs au-dessus de la mer. Il paraît qu'à une élévation où la pression de la colonne barométrique n'est plus que de 15 pouces, moitié de la pression ordinaire de l'atmosphère, il ne faut que 180° Fahrenh. pour faire bouillir l'eau. On peut établir en règle générale que le point d'ébullition de l'eau varie de 1/6ᵉ de degré pour chaque 1/10ᵉ pouce d'abaissement ou d'élévation qu'éprouve la colonne barométrique.

116. Combustibles. — Dans l'examen des propriétés physiques des corps, il peut ne pas paraître hors de propos de consigner quelques observations sur les combustibles, tirées des excellents écrits du docteur Arnott. L'expérience a démontré que les diverses espèces de substances carbonifères se trouvaient dans le rapport suivant, relativement à leur valeur comme combustible :

1 livre de charbon de bois peut fondre 95 liv. de glace.
  »   d'excellents charbons de terre 90   »
  »   charbon de terre distillé. . 84   »
  »   bois 32   »
  »   tourbe 19   »

On voit par là quelle haute valeur les bons charbons de terre possèdent comme moyen de chauffage et combien la tourbe laisse à désirer sous ce rapport, puisqu'elle renferme à peine la moitié de la puissance calorifique contenue dans le bois. Aussi là où le charbon de terre se trouve en abondance, il constitue, d'après ce qui vient d'être dit, le combustible le moins coûteux.

117. Le docteur Arnott dit qu'une livre de charbon de terre distillé produit presque autant de chaleur qu'une livre de charbon non distillé ; mais on ne doit pas perdre de vue qu'une livre de ce dernier ne donne que trois quarts de livre à la distillation, quoique sous cette forme sa masse soit plus grande. C'est chose préjudiciable que d'humecter le combustible avant de s'en servir, puisque l'humidité, en s'évaporant, entraîne, sous forme de calorique latent, une quantité considérable de chaleur dégagée par la combustion, qui s'échappe ainsi en pure perte. Cependant c'est un préjugé généralement répandu qu'on réalise une économie de combustible en humectant le chauffage, puisque de

cette manière il dure plus longtemps; mais si la combustion est plus longtemps entretenue, le feu, en revanche,
languit pendant un espace assez long et il se perd beaucoup de calorique. Le charbon de terre, comme toutes
les autres espèces de charbons qui brûlent avec flamme,
contient beaucoup d'hydrogène, et tout ce qui s'échappe
est une véritable perte de combustible; en outre, cet
hydrogène, pour se constituer à l'état de gaz, absorbe
encore, à l'état latent, une quantité de calorique plus
grande que celle qui est renfermée dans un égal poids
d'eau. Or, la fumée du feu n'est pas autre chose que
l'hydrogène du combustible qui se dégage dans l'air,
en combinaison avec une partie de carbone. Si donc on
parvenait à utiliser cette fumée au profit de la combustion, on ne détruirait pas seulement une substance nuisible, mais on parviendrait à réaliser une véritable économie. La cause qu'on assigne à l'énorme quantité de
fumée qui se dégage des feux ordinaires de houille,
c'est que la fumée ou, pour parler plus exactement,
les vapeurs du bitume ne se trouvent pas à une
température assez élevée pour pouvoir brûler ou
bien parce que l'air qui se mêle à la fumée qui
monte dans la cheminée, a été dépouillé de tout son
oxygène, dans son passage à travers le foyer. Quand
le bitume s'échauffe très-fort, les éléments qui le
composent prennent un nouvel état d'agrégation,
deviennent transparents et constituent le gaz ordinaire
d'éclairage.

Mais quand la température est trop basse, on voit le
bitume s'échapper des trous et crevasses qui existent dans

le charbon de terre, sous forme d'une fumée épaisse, qui brûle immédiatement avec une légère flamme, quand on en approche un papier allumé ou quand le foyer de combustion l'atteint. C'est cette vapeur de bitume qui, en s'allumant et en s'éteignant tour à tour, rend un feu ordinaire de charbons si animé et si agréable à la vue, pendant les longues soirées d'hiver. Quand on jette sur le feu une nouvelle quantité de houille, il se dégage dans le principe une énorme proportion de ce bitume en vapeur, sous forme d'une fumée épaisse et froide, au point qu'elle ne peut s'enflammer; la flamme du foyer s'en trouve affaiblie pour quelque temps, et s'éteint parfois complétement; mais à mesure que les charbons s'échauffent, la vapeur qui s'en échappe restitue à la flamme son premier état. Une fois l'ouverture fermée dans les foyers couverts, tels qu'on les rencontre dans les machines à vapeur et les grandes chaudières logées dans un fourneau de briques, il faut que tout l'air passe par le grille et le combustible enflammé qui s'y trouve; alors tout l'oxygène qu'il contient est absorbé par les charbons incandescents avant même qu'il se soit mêlé à la fumée. Cette dernière, quoique possédant une haute température, échappe à la combustion, excepté cependant dans les hauts fourneaux où la chaleur est énorme, et dans ce cas elle brûle avec une grande flamme semblable à celle du gaz au sortir de la cheminée, où l'air frais lui apporte de l'oxygène. Pour disposer, d'après les véritables principes, un foyer capable d'utiliser la fumée, on doit s'arranger de telle sorte que le combustible ne brûle qu'à sa face supérieure, afin que tout le bitume et tout le gaz qui se dégagent passent à travers le combustible incandescent, mélangés à de l'air, puisque la combustion s'opère de haut en bas ; ce n'est que de cette manière que le gaz et la fumée, qui forment les substances les plus combustibles du chauffage, se trouvent entièrement consumés.

Dans un baquet profond et étroit, le charbon de terre brûle avec une flamme semblable à celle d'une lampe à mèche, quand on l'allume à la superficie ; car, dans ce cas, tout le gaz que les charbons émettent au fur et à mesure qu'ils s'échauffent, passe à travers le combustible incandescent et s'enflamme. Si donc, nous nous représentons plusieurs de ces baquets situés les uns à la suite des autres et séparés entre eux par des intervalles, de manière à remplacer les grilles ordinaires, nous aurons un foyer qui ne donnera aucune fumée.

L'énorme économie de combustible qu'on réalise par une semblable disposition, provient de ce que la fumée au lieu d'emporter de la chaleur latente, cède tout son calorique au phénomène de la combustion ; car la fumée est la partie la plus précieuse de tout le combustible.

118. Lumière. — La science qui traite des propriétés et des phénomènes de la lumière porte le nom d'*optique*.

119. Arnott dit dans ses *Elements of Physics* : « La lumière est une émission du soleil et d'autres corps lumineux qui diminue d'intensité avec la distance et qui, quand elle est réfléchie par les corps sur lesquels elle tombe, les éclaire et les rend visibles à l'œil. Elle se meut avec une extrême vitesse et en ligne droite quand aucun obstacle ne s'y oppose, et projette l'ombre là où elle ne peut pénétrer. Elle passe facilement à travers certains corps, ce qui a fait donner à ces derniers le nom de *transparents* ; mais quand elle les traverse obliquement, ses rayons sont déviés ou réfractés sous un degré qui se trouve dans un certain rapport avec l'angle d'incidence. Un rayon de lumière blanche, dévié ou réfracté de cette manière, est décomposé, dans certaines circonstances, en rayons qui laissent voir toutes les couleurs dites élémentaires ; recombinées, elles reconstituent la lumière blanche.

120. Il existe deux opinions différentes sur la nature de la lumière ; d'après la première, la lumière est due à une émission de particules que les corps lumineux lancent continuellement dans toutes les directions ; d'après la seconde, les corps lumineux éprouvent des vibrations qui se propagent à travers un fluide extrêmement subtil et élastique, comme les ondes sonores à travers l'air.

Si la lumière est due à une émission de particules qui se répandent dans toutes les directions, il faut qu'elles soient merveilleusement petites, quand on pense qu'une chandelle de cire peut en remplir un espace de quatre milles de diamètre, pendant des heures entières ; et avec la vitesse énorme de la lumière, sa force motrice doit être considérable, surtout si elle est douée de cette propriété de la matière qu'on connaît sous le nom d'inertie. On a, du reste, trouvé qu'un rayon solaire très-puissant qu'on dirige, à l'aide d'une lentille, sur le plateau d'une balance extrêmement sensible, n'a pas fait éprouver d'oscillations à l'aiguille. Par ces faits et d'autres analogues, on est conduit à l'hypothèse qu'on a affaire ici aux vibrations d'un fluide élastique, qui, quand il entre en mouvement, produit les phénomènes de la lumière.

121. Les lois générales de l'optique n'ont pas de rapports directs avec la pratique de l'agriculture ; cependant la lumière exerce une action si puissante sur la végétation que la formation des couleurs présente le plus grand intérêt pour tous ceux qui étudient les causes et les liaisons existant entre les divers phénomènes de la nature. Je continue, de nouveau, à citer les propres paroles du docteur Arnott : « Ce qu'il y a de plus remarquable dans la réfraction de la lumière, c'est qu'un rayon solaire qui pénètre dans une chambre obscure, à travers le trou pratiqué au volet, et qu'on réfracte en le laissant tomber obliquement sur une surface transparente, au lieu de n'éprouver à sa sortie d'autre altération que sa déviation et de reparaître comme un rayon de lumière blanche, se trouve décomposé dans ses teintes élémentaires. Le spectre solaire, car c'est ainsi qu'on appelle l'image qui se forme sur le mur quand la lumière passe à travers une fente verticale, se compose de quatre bandes colorées, et les teintes, à commencer par le bas, se succèdent dans l'ordre suivant : rouge, vert, bleu, violet. Quand on élargit la fente tant soit peu, ces bandes colorées pas-

sent de l'une dans l'autre et forment entre elles de nouvelles teintes par le mélange de deux couleurs élémentaires, absolument comme pourrait le faire un peintre. Le spectre se compose alors des sept couleurs bien connues de l'arc-en-ciel qui sont : le rouge, l'orangé, le jaune, le vert, le bleu, l'indigo et le violet.

Si dans la première expérience, on avait obtenu les quatre teintes dans l'ordre de succession de rouge, jaune, bleu et violet, on aurait pu deviner les phénomènes de la seconde expérience, à savoir que l'orangé résultait du mélange du rouge et du jaune, le vert d'un mélange de jaune et de bleu, et l'indigo d'un mélange de bleu et de violet. Mais par cela même que les choses se passent autrement, nous avons une preuve du peu de connaissances que nous possédons encore sur les lois qui président à ces teintes.

122. Grand fut l'étonnement général, quand Newton fit connaître, pour la première fois, sa découverte du spectre multicolore et les conséquences extraordinaires auxquelles elle devait aboutir ; car jusqu'alors la lumière avait toujours passé pour l'idéal de la pureté. Pour corroborer plus encore l'idée que la lumière est d'une nature composée, il cita ce fait que si les teintes du spectre étaient appliquées, dans leur ordre de succession, sur une roue à laquelle on imprimerait un mouvement de rotation, elles ne pourraient bientôt plus être distinguées et ne laisseraient entrevoir qu'une bande de lumière blanche, et que si on rassemblait les rayons du spectre à l'aide d'une lentille, la lumière blanche se trouverait reconstituée. Le rayon rouge est

le rayon le moins réfrangible et le rayon violet celui qui l'est le plus. Il y a, en outre, cela de remarquable dans le spectre solaire, qu'une grande partie de la chaleur qui existe dans le rayon se trouve encore moins réfractée que la teinte rouge, car si on place un thermomètre au-dessus de cette dernière teinte, il monte beaucoup plus que dans aucune autre partie du spectre; on y observe, de plus, une cause qui est susceptible d'une plus grande réfrangibilité que le rayon violet, car elle donne lieu à des actions chimiques et magnétiques extrêmement remarquables. Toutes les bandes colorées n'ont pas la même grandeur, et la différence qui existe entre elles paraît se trouver dans un rapport constant avec leur pouvoir réfractif. » (Arnott, *Elements of Physics*, pages 162 et 190.)

123. Les nouvelles expériences auxquelles Hunt s'est livré sur l'influence que les diverses teintes des rayons solaires exercent sur la végétation, ont fait faire un grand pas à la science. Ce physicien prétend avoir trouvé que les rayons jaunes *(pouvoir lumineux)* entravent la germination tout en favorisant la décomposition de l'acide carbonique qui produit le bois et le tissu ligneux. Sous leur influence, les feuilles restent petites et les articulations des branches courtes. Les rayons rouges *(pouvoir calorifique)* recèlent de la chaleur, favorisent la germination quand l'eau existe en quantité suffisante, augmentent l'évaporation (respiration) et activent la floraison et la fructification. Ils décolorent les tissus et font roussir les feuilles. Les rayons bleus *(action chimique ou actinisme)* sont favorables à la germination et

activent la croissance. Sous leur influence, on voit les plantes s'effiler et s'étioler.

124. Dans un mémoire présenté à la *Society of Arts*, en l'année 1848, Hunt rapporte qu'il est démontré par des expériences que quoique la propriété éclairante soit nuisible à la germination et que l'actinisme s'y montre très-favorable, cependant l'action qu'exercerait ce dernier seul serait trop vive, une fois que les premières feuilles se sont développées; le principe lumineux est alors nécessaire pour provoquer la décomposition de l'acide carbonique absorbé par les feuilles et l'écorce, et la fixation du carbone dont les plantes ont besoin pour composer leur tissu. Le rôle que joue la chaleur et sa nécessité pour la vie végétale sont manifestes; mais on a également reconnu qu'en automne les rayons calorifiques deviennent plus intenses, tandis que la puissance des rayons lumineux et chimiques diminue proportionnellement. Le maximum de chaleur se trouve naturellement dans les rayons calorifiques, et Hunt est parvenu à découvrir à quelle classe ils appartiennent, en soumettant, sur un papier, le jus exprimé des feuilles du palmier à l'action du spectre. Cette classe de rayons agit en partie par son pouvoir calorifique et en partie par ses propriétés chimiques, phénomène qui avait déjà été découvert par Herschel. L'essentiel dans ces sortes d'expériences faites avec des liquides diversement colorés, c'était de laisser passer librement les rayons lumineux et chimiques et d'exclure les rayons calorifiques. Les expériences de Melloni ont établi qu'une sorte de verre coloré en vert, qu'on fabriquait

en Italie, permettait, quand on le lavait avec une dissolution d'alun, le passage de la lumière en retenant une
grande quantité de calorique. L'important était de con-
fectionner un verre de teinte verte qui, tout en absor-
bant les rayons calorifiques, se laissât traverser par
les autres. Hunt et l'entrepreneur Turner s'en procu-
rèrent de tous les côtés, depuis le plus clair jusqu'au
plus foncé, sans qu'aucun remplît les conditions vou-
lues. Le même savant expérimenta ensuite avec des
solutions colorantes d'intensité variable et rechercha la
propriété absorbante des corps chimiques les plus variés. C'est par ce moyen qu'il découvrit enfin que la
couleur d'une dissolution d'oxyde de cuivre très-étendue s'opposait efficacement au passage des rayons calorifiques, et, après bien des recherches, Chance parvint à produire un verre qui, tout en laissant passer la
lumière, n'exerçait aucune espèce d'action sur le blanc le
plus délicat des fleurs ; qui donnait passage aux rayons
chimiques et qui absorbait ceux qui contenaient trop
de calorique. On a reconnu qu'un pareil verre ne devait pas contenir trace de manganèse, dont la moindre
parcelle suffit pour provoquer une teinte rose, tandis
qu'il ne faut qu'un léger reflet de rouge pour que les
rayons qu'on veut écarter passent librement à travers
le verre.

125. « C'est ainsi, continue Hunt, qu'il nous fut possible, par le moyen de milieux colorés, de laisser agir,
à volonté, sur des plantes en pleine croissance, tantôt
des rayons lumineux, tantôt des rayons calorifiques ou
chimiques. On peut venir en aide à la germination en

écartant le principe lumineux et en laissant agir les
propriétés chimiques, ce qu'on obtient en couvrant les
semences avec des verres colorés en bleu par du co-
balt. Ces verres seraient également très-efficaces pour
provoquer la formation des racines dans les boutures.
Du reste, on ne doit pas perdre de vue qu'aussitôt la
germination ou la formation des racines terminées, le
verre doit être retiré et les plantes abandonnées à leur
libre croissance. Pour hâter l'accroissement du bois,
on laisserait agir la plus forte quantité de principe lumineux et la plus faible quantité d'actinisme possible,
ce qu'on obtient au moyen de verres colorés en jaune
qui absorbent les rayons chimiques et laissent passer
le principe lumineux. Il arrive souvent que, par suite
de l'une ou l'autre disposition dans l'atmosphère, certaines plantes ne développent qu'imparfaitement leurs
fleurs; les fonctions végétatives trop puissantes s'opposent en partie à la vertu reproductive des plantes,
au point de faire naître des organes foliacés au
centre de la fleur. Toutes les expériences ont démontré que les rayons calorifiques agissaient plus particulièrement dans la floraison et la fructification, et on
peut facilement venir en aide à ces fonctions en se
servant de verres colorés en rouge par de l'oxyde d'or,
puisqu'ils ne donnent que peu de passage aux rayons
lumineux et chimiques, tandis que le principe calorifique les traverse sans obstacle. » Aussi Hunt croit-il
pouvoir recommander de pareils verres à l'attention des
amateurs, chaque fois qu'il s'agit de la perfection des
fleurs.

126. Du reste, nous devons encore tenter un grand nombre d'expériences dans ce sens, comme le docteur Lindley le fait observer avec beaucoup de justesse, puisqu'il n'est pas du tout invraisemblable que des difficultés non prévues s'opposent à la réalisation pratique de ces découvertes, et que la lumière ne peut être séparée en rayons lumineux, calorifiques et chimiques, sans que cette lumière artificielle cesse d'agir avantageusement sur la végétation. Il est peu probable, en effet, pour nous borner à cette simple observation, qu'une lumière artificielle réponde aussi bien aux besoins des plantes que celle que la Providence a créée à cet usage. (*Gardener's Chronicle*, février et mai 1848.)

CHAPITRE III.

CHIMIE.

127. C'est une des branches des sciences physiques qui s'est montrée le plus utile à l'agriculture. L'action chimique entraîne de très-grands changements dans la structure des différents corps de la nature, sans l'intervention de la force motrice; c'est ce qui fait que ses effets sont moins appréciables aux sens que ceux qui découlent des lois de la philosophie de la nature, qui ont constamment besoin de cette force et qui par cela même tombent plus directement sous les sens. Cette action chimique est si universellement répandue que dès que deux substances différentes qui ont tant soit peu d'affinité l'une pour l'autre sont mises en contact, on voit immédiatement se produire sur les deux faces contiguës un changement remarquable qui persiste tant que les deux faces restent dans la même position. Sous l'influence de certains agents, tels que la chaleur, le

froid, l'humidité, la sécheresse, l'électricité, la force vitale, le mouvement, on provoque encore d'autres changements chimiques dans ces substances, aussi longtemps que dure le contact mutuel. C'est ainsi que par suite du mouvement imprimé au sol par les instruments aratoires, commence un changement chimique dans les diverses substances qui le composent. La pluie en tombant sur la terre y fait naître d'autres changements. Les plantes en puisant, pendant leur vie, des matières solubles dans l'air et dans le sol, donnent lieu à des changements importants dans la constitution chimique de ces derniers corps, tout aussi bien que dans l'intérieur des plantes mêmes. L'enlèvement des récoltes du sol pour la nourriture des animaux et les substances qui y retournent par les engrais qu'on y apporte, produisent des changements analogues dans le sol, l'air et jusque dans l'intérieur des animaux. Désormais le doute n'est plus permis sur les rapports intimes qui existent entre ces sortes de changements chimiques et l'électricité, le magnétisme ou l'action voltaïque, depuis qu'il a été démontré qu'aucune action chimique ne peut avoir lieu sans dégagement d'électricité. Or, sous l'action incessante de l'un ou de l'autre de ces agents, nous devons conclure qu'il se manifeste constamment dans le sol, dans l'air ou dans les règnes animal et végétal des changements chimiques dont l'importance nous est révélée par la constance de leurs résultats ; car dans les mêmes circonstances, ces changements donnent toujours les mêmes résultats dans les mêmes corps.

128. Corps organiques. — Il n'est pas possible d'observer tous les légers changements qui ne cessent de se produire dans l'état chimique des nombreux corps de la nature. Toutefois, la chimie, en recherchant la composition des différents corps, a reconnu que les plantes sont composées d'éléments qu'on peut diviser en deux classes : ceux dont la structure est entièrement détruite par la combustion, et ceux qui résistent à cette combustion et donnent lieu à des substances solides qui présentent diverses propriétés. Les substances entièrement combustibles sont désignées sous le nom d'*organiques*, puisqu'elles possèdent en général, d'après le professeur Johnston, un mode de structure qui se distingue très-nettement, comme, par exemple, les pores dans le bois, les fibres dans le chanvre et la viande maigre de bœuf, structure qui empêche de les confondre avec les substances inorganiques où elle n'existe pas. Du reste, il est même des substances d'origine organique qui n'offrent pas une semblable structure. Le sucre, la fécule, la gomme, qui se rencontrent, en grande quantité, dans les plantes ne laissent apercevoir ni pores, ni fibres, ni aucune espèce d'organes, et cependant elles sont comprises sous la dénomination générale de substances organiques, puisqu'elles sont le produit de l'action propre d'organes vivants. C'est ainsi que les corps végétaux et animaux, après leur mort, éprouvent une décomposition ; mais les substances qui les composaient ou qui se sont formées par suite de la décomposition sont de même regardées comme d'origine organique, non-seulement tant qu'on aperçoit des traces de structure, mais encore quand ces traces ont depuis longtemps disparu. C'est ainsi que la houille est d'origine organique, quoique les indices des substances végétales dont elle provient soient depuis longtemps devenus méconnaissables. La chaleur, à son tour, carbonise et détruit le bois, la fécule et la gomme, et les transforme en substances qui ne rappellent en aucune manière leur premier état. Le bois donne du goudron et du vinaigre à la distillation, et le sucre se change, par la fermentation, d'abord en alcool et ensuite en vinaigre. Ainsi toutes les substances qui, par ces procédés ou d'autres analogues, sont tirées de produits organiques sont comprises sous la dénomination générale de *corps organiques*.

129. La seconde classe est formée des substances dites *inorganiques*, puisqu'elles ne sont ni ne furent le siége de la vie. Les roches dures, les parties du sol qui résistent à la combustion, l'atmosphère, l'eau des lacs et des mers, en un mot tout objet qui n'est ni n'a été le siége de la vie, est désigné par l'expression de matière inorganique. (Johnston's *Lectures on agricultural Chemistry*.)

130. **Corps inorganiques**. — Déjà en 1698, les chimistes avaient reconnu la présence de corps inorganiques dans les végétaux ; car à cette époque on vit paraître, dans les *Philosophical transactions*, une liste donnée par Redi des substances minérales contenues dans les plantes. Depuis lors jusqu'à la publication des recherches du jeune Saussure en 1804, les chimistes paraissent ne s'être occupés que médiocrement de cette question.

Liebig fut le premier qui découvrit que c'est aux éléments minéraux que les plantes doivent leurs principales propriétés, découverte qu'il livra à la publicité en 1840. Avant lui, la nutrition des végétaux était encore très-obscure; mais par l'adoption de cette idée que les plantes ne trouvent de nouveaux éléments de nutrition que dans les substances inorganiques, on parvint à répandre une vive lumière sur le principal but de la vie végétale, dont la mission est de préparer la nourriture pour ceux des animaux qui ne peuvent se sustenter d'une autre manière, et l'objet de ses recherches fut d'éclairer les phénomènes chimiques qui ont lieu pendant la nutrition des plantes.

131. Dans le cours de ces recherches, Liebig rencontra la solution d'un grand nombre d'autres problèmes chimiques qui ne pouvaient manquer d'introduire des procédés plus rationnels dans la culture des plantes et l'engraissement des animaux. Voici quelques-unes des principales démonstrations de Liebig. « Puisqu'il est vrai que certains acides se rencontrent constamment dans les végétaux et sont nécessaires à leur vie, il faut, de même, que la présence de l'une ou l'autre base alcaline soit une condition de leur existence, vu que tous ces acides se présentent dans les plantes sous forme de sels neutres ou acides. Toutes les plantes, par l'incinération, laissent après elles une cendre carbonisée, et toutes par conséquent renferment des sels à acides végétaux. Considérées sous ce point de vue, ces bases acquièrent une haute importance pour la physiologie et l'agriculture; car il est clair que si la vie des végétaux

est liée à leur présence, la quantité doit en être, dans toutes les circontances, aussi invariable que l'est la capacité de saturation bien connue des acides. Il n'y a pas de raison pour croire que les plantes, quand elles peuvent se développer librement et sans contrainte, produisent plus de ces acides propres qu'il n'en faut pour leur existence ; aussi, dans ce cas, toutes contiendront une proportion constante de bases alcalines, quel que soit le terrain sur lequel elles ont végété. La culture seule serait en état d'y apporter quelques modifications. Pour éclaircir cette question, il est à peine nécessaire de rappeler qu'un grand nombre de ces bases alcalines peuvent être remplacées dans leur action, et que par conséquent la conclusion à laquelle nous devons forcément aboutir n'est nullement ébranlée quand une de ces bases se rencontre dans une plante et manque dans celles de même espèce.

Si cette conclusion est juste, il faut naturellement qu'une autre base de même valeur, qu'on pourrait appeler son équivalent, se soit substituée à celle qui fait défaut. Le nombre d'équivalents de ces bases serait donc une grandeur constante, et l'on tomberait à coup sûr sous l'application de cette règle, que la quantité d'oxygène contenue dans toutes ces bases alcalines est constamment la même, quel que soit le sol qui ait porté ces plantes et qui renferme ces bases.

De Saussure et Berthier ont entrepris une série d'analyses de cendres de plantes qui ont donné pour résultat que la nature du sol exerce une influence marquée sur la quantité d'oxydes métalliques contenus dans les végétaux; que la cendre des pins du mont Breven, par exemple, renfermait de la magnésie qui manquait dans les cendres du même arbre provenant du mont La Salle, et que les quantités de potasse et de chaux étaient également très-différentes dans les arbres de ces deux localités. On en a conclu, à tort, selon moi, que la présence de ces bases dans les plantes n'a aucun rapport avec leur développement; car si cela n'était pas, il serait vraiment bizarre que les expériences dont nous parlons en fournissent précisément la preuve.

En effet, les cendres des deux pins, dont la composition est si différente, contiennent, d'après les analyses de Saussure, un nombre égal d'équivalents de ces oxydes métalliques, ou, ce qui revient au même, la quantité d'oxygène renfermée dans les deux est exactement identique.

132. « Nous ne savons point sous quelle forme le manganèse et l'oxyde de fer se trouvent dans les plantes; tout ce que nous savons, c'est que la potasse, la soude et la magnésie peuvent être extraites de toutes les parties des plantes au moyen de l'eau, et cela sous la forme de sels végétaux; la même chose a lieu pour la chaux, quand elle n'est point insoluble ou à l'état d'oxalate de chaux. Dans les raisins, nous trouvons constamment la potasse sous forme d'un tartrate, d'un sel acide, jamais neutre. Pour la formation des fruits et des graines et pour une foule d'autres objets sur lesquels n'existent encore que des hypothèses, on peut dire que ces acides et ces bases ont une certaine signification, puisqu'ils ne font jamais défaut et que la forme

sous laquelle ils se présentent n'est sujette à aucune espèce de changement. » Puisque dans les plantes on rencontre aussi des alcalis végétaux en combinaison avec des alcalis organiques, c'est une raison de plus pour admettre que les bases acalines en général sont nécessaires au développement des plantes. « Mais si, comme la composition du suc des papavéracées paraît le faire croire, un acide organique peut être remplacé dans une plante par un acide inorganique, sans que le développement du végétal en souffre, à plus forte raison cela devra-t-il pouvoir se faire pour des bases inorganiques. Dans la culture, lorsque des influences extérieures agissent sur le développement des végétaux, les rapports ne peuvent pas toujours être si constants. » L'organisme des plantes est ainsi fait que celles-ci rendent au sol où elles croissent ce dont elles n'ont pas besoin pour leur existence. La valeur de ces faits étant bien reconnue, il faut que les bases alcalines qu'on trouve dans les cendres végétales soient indispensables à l'existence des plantes ; car autrement pourquoi s'y rencontreraient-elles ? Considéré sous ce point de vue, le développement complet d'une plante dépend donc de la présence d'alcalis ou de terres alcalines. Si ces bases sont entièrement exclues, l'accroissement des plantes doit nécessairement s'arrêter. Comparons maintenant, pour arriver à des applications positives, deux espèces de bois qui renferment des quantités inégales de bases alcalines. L'une d'elles pourra évidemment se développer avec vigueur dans certains terrains, où l'autre ne végétera que d'une manière chétive. Or, 10,000 parties de bois de chêne donnent 250 parties de cendres ; 10,000 parties de bois de sapin n'en donnent que 83. La même quantité de bois de tilleul en donne 600 ; le froment en fournit 440 et la fane des pommes de terre 1,500 parties. Dans le granit des landes sablonneuses, le pin et le sapin peuvent trouver des bases alcalines en quantité suffisante, et les chênes ne peuvent guère y prospérer. Le froment peut réussir dans le même terrain que le tilleul, parce que les bases dont il a besoin pour son entier développement s'y rencontrent également en quantité suffisante. Ces conséquences si importantes pour l'économie forestière et agricole peuvent s'appuyer sur les faits les plus évidents. « La cendre des plantes de tabac, celle du bois de la vigne, des pois et du trèfle contiennent une grande quantité de chaux. Aussi ces plantes viennent-elles mal dans un terrain où le calcaire manque, tandis que leur développement se trouve prodigieusement activé quand on l'amende avec de la chaux ; aussi y a-t-il tout lieu de croire que cette végétation luxuriante est due à cette dernière substance. Il en est de même de la magnésie, qui existe constamment comme élément composant dans un grand nombre de plantes, telles que les pommes de terre, les betteraves, etc.

« D'après tous ces faits, si bien connus, il ne saurait être question d'une génération d'alcalis, d'oxydes métalliques ou en général de substances inorganiques. » Voici maintenant comment Liebig formule sa conclusion générale sur la valeur de ces principes dans leur application aux végétaux. « Des recherches exactes et faites avec soin sur les cendres de plantes de la même espèce, et venues dans des terrains différents, avanceraient beaucoup la physiologie, en décidant si le fait remarquable que nous venons de signaler constitue véritablement une loi définie pour chaque famille végétale. Il s'agirait d'examiner si chaque famille peut être caractérisée par un certain nombre constant, exprimant la quantité d'oxygène contenue dans les bases unies aux acides végétaux. Il est à présumer que des investigations entreprises dans cette direction conduiront à un résultat important. Si la production de quantités définies et constantes de sels végétaux est dans un certain rapport avec les organes, et que ces sels leur soient indispensables pour remplir leurs fonctions, les plantes devront, par exemple, absorber toujours de la potasse ou de la chaux, et si elles n'en trouvent pas assez, remplacer la quantité manquante par une proportion correspondante d'autres bases alcalines. Si aucune de de ces bases n'est offerte à la plante, celle-ci ne pourra se développer et succombera.

133. Les substances minérales n'existent qu'en petite quantité dans les plantes, de sorte qu'elles ne peuvent contribuer beaucoup à leur poids. C'est tout au plus si, dans les plantes qui composent le fond de notre culture, elles s'élèvent en moyenne à 1/20 ou à 5 p. c. de leur poids. Saussure, qui s'est occupé avec beaucoup de soin d'analyser les éléments minéraux des plantes, craint que les agriculteurs et autres ne les estiment au-dessous de leur véritable valeur, à cause de la faible proportion dans laquelle ils s'y rencontrent

Il dit dans un passage cité par Liebig : « Plusieurs auteurs admettent que les substances minérales qu'on rencontre dans les végétaux ne s'y présentent qu'accidentellement et ne sont par conséquent pas nécessaires à leur existence, parce que la proportion en est fort minime. Cette opinion, vraie peut-être pour les substances qui parfois font défaut dans les plantes, est loin d'être démontrée pour celles qui s'y retrouvent constamment ; leur faible quantité n'implique point leur inutilité. La proportion de phosphate de chaux renfermée dans l'organisme animal ne s'élève pas au cinquième de son poids, et cependant personne ne doute que ce sel ne soit indispensable à la structure du système osseux. J'ai retrouvé ce sel dans toutes les analyses que j'ai faites, et rien ne nous autorise à croire que les plantes puissent s'en passer. » Pour démontrer l'importance de cette proportion si restreinte d'éléments minéraux contenus dans les plantes, Liebig donne quelques explications extrêmement intéressantes. « Lorsque nous considérons de vastes phénomènes, notre esprit n'a plus de mesure pour établir des comparaisons, et nous rapportons tout à nous-mêmes, tout à ce qui nous entoure. Mais combien le cercle où nous vivons est-il petit par rapport à la masse entière du globe ! Ce qui est à peine sensible dans un espace limité nous apparaît là grand et insaisissable. L'air ne contient qu'un millième de son poids d'acide carbonique, et quelque faible que paraisse cette quantité, elle est pourtant plus que suffisante pour approvisionner de carbone toutes les générations vivantes durant des siècles, même si ce carbone n'y était pas remplacé par elles.

« L'eau de mer renferme 1/12,400ᵉ de son poids de carbonate de chaux, et cette quantité, à peine déterminable dans une livre, fournit la matière première de la coquille de ces myriades de crustacés et de coraux. L'air qui flotte sur la mer renferme toujours assez de sels pour troubler en tout temps la solution de nitrate d'argent ; chaque courant, quelque faible qu'il soit, enlève avec les millions de quintaux d'eau de mer qui se vaporisent annuellement une quantité correspondante de sels qui y sont dissous, et amène à la terre ferme du chlorure de sodium, du chlorure de potassium, de la magnésie et les autres principes de l'eau de mer.

« Les racines des plantes recueillent sans cesse les alcalis, les principes de l'eau de mer que la pluie amène et de l'eau de source qui pénètre le sol ; sans alcalis ni terres alcalines, la plupart des plantes n'existeraient pas ; sans les plantes, les alcalis disparaîtraient peu à peu de la surface de la terre. Quand on songe que l'eau de mer contient moins d'un millionième de son poids d'iode, et que toutes les combinaisons de l'iode avec les métaux alcalins sont salubres à un haut degré dans l'eau, il faut nécessairement supposer, dans l'organisation des varechs marins, une cause qui détermine ces plantes à enlever à la mer l'iode sous la forme d'un sel soluble, et à l'assimiler de manière qu'il ne puisse plus retourner dans le milieu qui l'entoure. Ces plantes recueillent l'iode, comme les plantes ter-

restres recueillent les alcalis ; elles nous fournissent
des quantités d'iode qui, pour être extraites directement de l'eau de mer, exigeraient l'évaporation préalable de lacs entiers. On peut prédire que ces plantes
marines ont besoin d'iodures pour se développer, et
que leur existence est liée à la présence de l'iode, absolument comme la vie des plantes terrestres dépend
de la présence des alcalis et des terres alcalines, ainsi
que nous le fait supposer l'examen des cendres où ces
corps se trouvent constamment. » (Liebig, *Chimie appliquée à l'agriculture et à la physiologie végétale,* 5ᵉ éd.,
p. 83 à 105.)

134. C'est par des démonstrations de cette nature
que Liebig arrive à la conclusion que les plantes, pour
se développer complétement, ont besoin non-seulement
des aliments que réclame l'ensemble de leur structure,
telle qu'elle est commandée par les parties organiques,
mais encore d'une nourriture *toute spéciale,* qui est la
cause de leurs propriétés particulières et qui dépend des
éléments inorganiques qui s'y trouvent renfermés ; il
en est de même dans l'élève et l'engraissement des
animaux domestiques, auxquels il faut distribuer, pour
leur faire acquérir leur complet développement, un
fourrage qui, dans les jeunes bêtes, favorise la production de la chair et des os, et qui, chez les bêtes
adultes, produise de la graisse. De là, l'incontestable
avantage qui résulte, pour le cultivateur, de l'application d'engrais spéciaux et d'une nourriture spécifique
pour la culture des plantes et l'éducation des animaux.

Si l'on pouvait appliquer à toutes les opérations de l'agriculture un procédé qui promet un avenir si brillant, on verrait disparaître totalement tous les anciens systèmes, résultats de la routine, et la science seule guiderait désormais le cultivateur dans le droit chemin. Mais ce n'est là encore qu'un vain désir qui, quoique réalisable, ne peut être accompli qu'après que la chimie nous aura fait connaître la composition des plantes de la culture, des substances fertilisantes et des diverses espèces de terres. Avant que nous en soyons arrivés à ce point, les chimistes ont devant eux un vaste champ pour leurs investigations, et fussent-ils même arrivés au terme de leur carrière, resterait encore la question de réaliser ces résultats dans la pratique de la manière le plus profitable.

135. Tandis que Liebig le premier exposait aux cultivateurs, sous une forme pratique, la connaissance des engrais spécifiques et des substances minérales contenues dans les plantes, l'Angleterre comptait déjà plusieurs savants qui, antérieurement à cette époque, avaient fixé leur attention sur cette importante question. Déjà, en 1818, dans une réunion tenue à Holkam, Grisenthwaite de Nottingham avait communiqué la connaissance des engrais spécifiques et la présence des sels comme éléments constitutifs des plantes, et en 1830, lors de la deuxième édition de sa nouvelle théorie de l'agriculture, il consacra un chapitre entier à exposer ses idées sur les engrais spécifiques. Dans la description qu'il donne des éléments particuliers de quelques plantes, il s'exprime dans les termes

suivants : « Dirigeons encore une fois notre attention sur le grain de froment. Il est démontré qu'on rencontre constamment une petite quantité de phosphate de chaux dans ce grain, et, comme ce cas se présente toujours le même, on ne saurait douter raisonnablement que ce corps ne soit appelé à remplir une destination importante dans l'économie du grain. Dans la paille de froment, on ne trouve point de phosphate de chaux, pas plus que dans l'orge, l'avoine et les pois, quoique ces plantes aient végété sur un même sol et dans les mêmes circonstances. Admettre que la présence constante de ce sel dans le froment n'est qu'accidentelle et prétendre qu'il n'atteint pas un véritable but dans le grain de froment, c'est se brouiller avec le sens commun. Si le phosphate de chaux ne s'y rencontrait qu'exceptionnellement, ou s'il se rencontrait également dans l'orge ou le trèfle, alors peut-être il serait permis d'en conclure que la présence de ce sel n'est que fortuite et qu'il ne contribue d'aucune façon au complet développement des grains de froment. Jusqu'à présent, on n'a pas accordé toute l'importance qu'elles méritent à ces substances salines, du moins par rapport à l'influence qu'elles exercent sur la végétation des plantes et dans leur importance pour l'agriculture, ce qui m'engage à les distinguer par le nom d'*engrais spécifiques*. Il est possible que le jour où on aura complété les analyses des plantes, on essayera de les classer d'après leurs éléments spécifiques qui caractériseront alors chaque espèce végétale. Nous savons déjà qu'un grand nombre de plantes possèdent la propriété de choisir leurs aliments, et on peut raisonnablement déduire de là que si des recherches plus avancées nous permettaient de soulever un coin du voile qui enveloppe encore la physiologie végétale, l'utilité et le but de cette tendance nous seraient connus et ne pourraient manquer d'être féconds en véritables avantages pour l'industrie pratique de l'agriculture. » Cette conclusion, vraie alors, l'est indubitablement encore de nos jours, et Liebig lui-même n'aurait pu l'exprimer avec plus de justesse.

136. Nulle part, Liebig ne s'explique plus clairement sur les résultats favorables que produirait l'application de semblables engrais spécifiques en agriculture, que Grisenthwaite ne le faisait déjà en 1830, et nous ne devons pas oublier que c'est lui qui a, le premier, mis en usage la dénomination de *spécifique*, pour désigner cette classe d'engrais. « Ni les praticiens, ni même ceux qui ont écrit des théories agricoles, dit-il, n'ont accordé une attention suffisante à ces engrais spécifiques, quoiqu'on ait déjà recommandé précédemment certains procédés pratiques et établi des hypothèses qui ne supportent pas d'autre explication. Considérée dans ses rapports avec l'économie entière de l'agriculture, la question des engrais spécifiques forme peut-être une des plus importantes et, dans tous les cas, une des plus intéressantes. C'est d'une connaissance exacte de cette partie qu'il dépend pour le cultivateur de pouvoir exercer son industrie avec succès. On est, dès à présent, convaincu que l'agriculture peut être portée à la hauteur de l'industrie manufacturière, et

qu'elle est susceptible de la même sécurité ; et au lieu d'abandonner aux caprices du hasard la culture du sol, — car tout ce que l'on connaît, sous ce rapport, se réduit à la préparation mécanique du sol pour le développement de la semence, — cette connaissance nous expliquera les causes auxquelles il faut attribuer, en définitive, la réussite et la productivité des récoltes, ainsi que l'opposé, la non-réussite et le mauvais rendement, et nous serons ainsi à même de nous en préserver. L'agriculture peut être envisagée comme un système d'opérations, faites dans le but de transformer du fumier en substances végétales ; le sol n'est dans ce cas que l'instrument, et les différentes préparations qu'on lui fait subir n'ont pour objet que d'opérer cette transformation de la manière la plus sûre et la plus complète, puisqu'on favorise ainsi l'action de l'air, de la chaleur, de la lumière, etc., sur les substances qu'on a apportées dans le sol et que l'on permet à l'eau d'y pénétrer facilement. Cette manière d'envisager l'agriculture pratique nous éclaircira bien des faits qui, jusqu'à présent, avaient entièrement échappé à nos investigations et sur lesquels nous ne nous étions par conséquent pas arrêtés, peut-être aussi parce qu'on croyait que ces travaux n'étaient plus du ressort de l'esprit humain. Tout ce qui vient de soi-même et sans la coopération de l'homme, est dit naturel ; ce qui est fait de main d'homme est désigné par le nom d'artificiel, tout comme si, dans les deux cas, les résultats ne dépendaient pas des mêmes lois immuables. Dans toutes les circonstances, l'homme ne peut que mettre

en œuvre les éternelles lois de la nature ; il ne saurait
ni en créer de nouvelles, ni modifier celles qui existent.
Mais en établissant une différence entre les lois naturelles, qui agissent indépendamment de sa volonté, et
celles qu'il met en action par ses travaux, il a créé un
grand obstacle à la marche de la science dont les effets
se feront sentir longtemps. Il a refoulé toute espèce de
recherches par cette considération qu'elles étaient inutiles et ne pouvaient avoir aucun résultat pratique. »

137. C'est sur ces principes généraux que notre
auteur cherche à fonder un perfectionnement dans la
pratique ordinaire de l'agriculture, et il continue à s'exprimer de la manière suivante : « Ce n'est que dans
ces dernières années qu'on est parvenu à découvrir les
éléments qui composent les corps. Jusqu'alors, on ne
connaissait que peu de chose sur la nature des corps
composés, et l'on passait sous silence la transformation
de la matière, chaque fois qu'on le pouvait. Enfin, le
soleil de la chimie s'est levé à notre horizon, a dissipé
en grande partie la nuit de l'ignorance qui couvrait les
siècles passés, et a vivifié de ses rayons les divers phénomènes de la nature. Nous savons maintenant que
les éléments, comme on les a appelés avec tant de
raison, n'ont pas la propriété de passer les uns dans
les autres. Considérés en eux-mêmes, ils ne permettent
que des changements dans la forme et la grandeur, et
cette grande diversité de la matière que nous présente
l'univers provient de la combinaison de ces éléments
en différentes proportions. Ce fait nous mène à l'importante conclusion que lorsqu'une substance donne

naissance à une autre, comme, par exemple, le sucre qui se convertit par la fermentation en alcool et en acide acétique, ou, pour rester dans le domaine de l'agriculture, les grains de blé qui proviennent de l'engrais, il est de la dernière évidence que les éléments dont se composent ces nouveaux corps devaient déjà exister dans les autres, puisque s'il en était autrement, cette transformation n'aurait pu se produire. Cette vérité est applicable, de tous points, à la science des engrais, et impose au cultivateur l'obligation de s'éclairer sur les éléments qui se trouvent contenus dans les produits de ses champs, ainsi que dans les substances fertilisantes qu'il emploie pour en activer la végétation. Ceci nous expliquera les causes qui ont fait manquer certaines récoltes, et qui jusqu'alors avaient échappé complétement au cultivateur. Il est possible que dans la culture des céréales, par exemple, il ait confié les semences de ces plantes à un sol qui manquait des éléments nécessaires à leur production, de telle sorte que la récolte ne pouvait y réussir, et que cette perte devait se reproduire d'année en année, si la cause lui en était restée inconnue. Si tous les produits des champs se composaient des mêmes éléments, il n'y aurait pas lieu d'apporter une différence dans les engrais, et comme telle était l'opinion qu'on s'en était toujours formée, il est advenu qu'on a tout jeté dans un même moule, et de là vient que, jusqu'à l'heure présente, l'agriculture a constamment été en perte. »

138. Descendant ensuite dans les détails, notre

auteur nous montre les différentes plantes cultivées contenant chacune sa base particulière. « C'est ainsi que le grain de froment, outre le gluten qui lui est caractéristique, renferme du phosphate de chaux; tandis que ce dernier sel manque dans l'orge, qui, en revanche, contient une petite quantité de soude et de potasse. La paille de fèves laisse toujours après elle, par la macération, une proportion considérable de carbonate de potasse; dans les pois, on a découvert une grande quantité d'opalate de chaux (1), sel qui existe également dans la racine de rhubarbe; le sainfoin, le trèfle, la luzerne renferment, comme chacun sait, beaucoup de sulfate de chaux (gypse). L'analyse chimique du navet y constate une proportion notable de gaz hydrogène sulfuré, qu'on n'a encore rencontré jusqu'à présent dans aucune plante de culture et qui paraît ainsi constituer le sel spécifique dans les navets. La présence de ce dernier sel peut encore être reconnue, tant par ce fait que des navets cuits noircissent l'argenterie, que par l'odeur pestilentielle qui s'exhale d'un champ de navets en putréfaction. » Grisenthwaite cite ensuite plusieurs engrais renfermant ces substances particulières, par l'intermédiaire desquels elles sont conduites dans les plantes; et comme on pourrait être tenté de douter de l'importance du rôle qu'elles jouent dans l'économie végétale, à cause de la faible proportion de ces sels, il montre l'analogie qui existe entre les végétaux et les animaux, qui, l'un et l'autre,

(1) Silicate de chaux hydratée.

sont des corps organisés et doués de vie et en déduit les explications les plus rassurantes à l'appui de ses opinions. « C'est ainsi qu'on trouve dans le corps des animaux plusieurs sels et des substances, en très-petite quantité, qui sont absolument nécessaires à la production de certaines parties solides ou liquides qui, sans elles, ne pourraient exercer une action salutaire; si elles manquent, le corps animal languit et finit par périr, pour peu que cet état se prolonge. La gale a besoin de soude, sans quoi la sécrétion de la plus importante des glandes de l'organisme animal ne saurait produire les effets qui sont nécessaires pour que le corps se trouve en bonne santé. Cette soude ne forme pas même la $1/100,000^e$ partie de la masse entière du corps. D'après les physiologistes, qui prétendent que la couleur rouge du sang provient du phosphate de fer, il faut que ce sel lui soit fourni de l'une ou de l'autre manière, autrement il se manifeste un trouble dans la circulation de ce liquide vital. Toutes les substances cartilagineuses et fibreuses, les ongles, les poils, etc., renferment du soufre, de même que l'albumine du sang. Oserait-on soutenir que, vu la minime proportion de ces substances, toutes ces sécrétions régulières, toutes ces lois immuables ne contribuent en rien à la vitalité et à la santé des diverses parties sur lesquelles elles exercent constamment un contrôle si visible? Suffirait-il de se former une semblable idée de la nature, qui est toujours si économe dans le choix de ses moyens, qui ne souffre aucun excès, aucune production qui n'ait son utilité? Et si cette 1/100,000ᵉ partie est absolument nécessaire à l'existence du corps animal, ne serait-ce pas une supposition extrêmement téméraire et antiphilosophique que celle qui prétendrait que ces substances ne s'y rencontrent qu'accidentellement et sans but ou utilité bien avoués ? Ne répugnerait-elle pas à toutes les notions du bon sens? » Notre auteur fait suivre ces paroles d'une explication extrêmement satisfaisante sur la nécessité des rotations en agriculture; il montre combien il est nécessaire de tenir le sol dans un certain degré de fertilité et comment on peut venir en aide à la croissance des arbres forestiers ; que les arbres fruitiers exigent certaines natures particulières de terres; enfin il traite des mélanges des diverses substances terreuses et de la destruction des mauvaises herbes. Envisagées sous ce point de vue, les observations de Liebig ne paraissent que comme des déductions ultérieures des pensées de notre auteur, qui se montre tellement pénétré de leur justesse que, dans sa conviction, il ne craint pas de dire « une nouvelle génération comprendra bien tout ceci. Il est vrai que le moment n'est pas venu de fonder un système, mais il viendra, si, comme tout le fait prévoir, les recherches scientifiques continuent leur chemin, et la pratique elle-même s'appropriera ses résultats. » (Grisenthwaite *New theory of Agriculture,* 2ᶜ édition, 1830, page 159-210.)

139. Dans la première édition de cet ouvrage, je ne me suis pas exprimé avec assez de justice sur les services que la chimie peut rendre à l'agriculture. Ceci se

comprend, jusqu'à un certain point, quand on se reporte aux circonstances dans lesquelles j'écrivais alors, ajoute Stephens ; car depuis 1809, quand Humphry Davy faisait ses célèbres leçons devant le *Board of Agriculture*, jusqu'à l'époque où ces indications furent imprimées, pas un chimiste, que je sache, n'avait publié le moindre petit fait, et, pendant ce long laps de temps d'environ trente ans, personne n'avait osé soupçonner les services que la chimie est en état de rendre à la culture, jusqu'à ce que le docteur Henri Madden, qui étudiait la médecine à l'université d'Édimbourg, vînt, dans un article du *Journal d'Agriculture* du 2 juin 1838, appeler l'attention du public agricole sur la chimie appliquée à l'agriculture. Jusqu'alors, je n'avais pas encore eu le bonheur d'avoir sous les yeux la nouvelle théorie sur l'agriculture par Grisenthwaite, quand son auteur eut l'obligeance de m'en envoyer un exemplaire , après la publication des idées du docteur Madden. Mais à présent que je connais les travaux qui ont été faits par les chimistes sur les analyses des plantes et des engrais , et les hypothèses qu'ils ont établies sur la possibilité d'introduire des améliorations dans la pratique de l'agriculture , ainsi que les résultats des nombreuses expériences qui ont été entreprises dans ce sens par les agronomes sur tous les points du pays, mon opinion s'est entièrement modifiée sur l'utilité de la chimie en agriculture. Je ne trouve pas de meilleures expressions pour la qualifier que les paroles du rapport de la *Chemistry Association of Scotland* de l'année 1846. Sous la rubrique « Avantages que l'as-

sociation peut procurer à l'agriculture, » ce rapport
dit : « L'analyse chimique des terres et des plantes
jette un grand jour sur les secrets de la nature ; elle
éclaircit les rapports dans lesquels le sol et les plantes
se trouvent à l'égard l'un de l'autre dans l'acte de la
végétation, et rend un véritable service en s'occupant
des substances qu'il faut ajouter à certaines terres
pour les mettre à même de produire certaines récoltes.
La découverte des lois de la chimie qui président aux
dissolutions et aux combinaisons a fourni le moyen
d'expliquer des faits qui, dès longtemps, ont reçu la
sanction de l'expérience et sont adoptés par la pratique;
et tandis qu'on ignorait les causes pour lesquelles,
tout en procédant de la même manière, on arrive parfois à des résultats bien différents, souvent même con-
traires, la chimie est venue en donner l'explication, ar-
racher le mystère qui enveloppait encore nos pratiques
et dissiper ainsi le découragement que ne pouvaient
manquer de faire naître ces résultats contradictoires. La
chimie s'est surtout montrée très-utile, en nous pré-
servant des erreurs dans lesquelles on pourrait tomber relativement à certains objets qu'on recommande
comme des engrais très-efficaces ; les recherches chimiques nous font connaître les éléments qui les composent, et établissent de la sorte le meilleur emploi
qu'on puisse faire de ces substances. La chimie nous
apprend, en outre, la valeur absolue et relative de
certains fourrages, qu'on entend vanter pour l'élève et
l'engraissement des animaux domestiques. Mais, en
attendant, nous ne devons pas oublier que des expé-

riences de laboratoire ne suffisent pas seules pour fonder une théorie exacte sur la culture du sol et l'éducation des animaux. Il faut, en outre, une masse d'observations très-précises et d'expériences, que la pratique seule peut nous fournir. Ce n'est que des résultats combinés des observations pratiques et des recherches scientifiques qu'on peut déduire d'excellents systèmes pour la pratique, et la réalisation de ce dernier but dépend surtout des communications exactes qu'un agriculteur intelligent et rompu à la pratique du métier peut fournir aux savants. »

140. Le sens de ces remarques concorde beaucoup avec l'idée que je me suis toujours formée de la manière dont le chimiste peut agir sur l'agriculteur. J'ai toujours été de l'avis que l'agriculteur a besoin de connaissances chimiques, mais aussi que le chimiste, à son tour, doit posséder des notions d'agriculture. Tout ce que le cultivateur doit connaître, en fait de chimie, se borne à l'affinité que certains corps ont les uns pour les autres et à une étude plus approfondie des propriétés des substances qui se rencontrent le plus fréquemment dans les plantes et les animaux, lesquelles intéressent surtout l'homme des champs et dont le nombre ne dépasse pas 13. Le chimiste, d'un autre côté, ne devra pas ignorer les règles générales que l'expérience a établies depuis longtemps, et qu'on suit dans la culture du sol et l'éducation des animaux domestiques. En appréciant convenablement le point de départ commun au chimiste et à l'agriculteur, ils feront prendre une toute autre direction à l'agriculture,

et il n'est pas douteux alors que la chimie ne réagisse utilement sur elle. La chimie ne doit pas avoir la prétention de vouloir guider l'agriculture, mais elle bornera sa mission à indiquer les expériences qu'il convient de faire et qui promettent des résultats favorables. Le chimiste se gardera de toute espèce de conclusions ultérieures, avant que la pratique ait confirmé la justesse de celles qu'il croit avoir trouvées, et le cultivateur ne doit jamais refuser d'entreprendre les expériences qu'on exige de lui, quelque pénibles qu'elles soient; de cette manière, nous nous trouverons certainement bientôt en possession d'une foule de faits précieux qui mettront le cultivateur à même d'introduire dans son industrie un système beaucoup plus rationnel que celui qu'il a adopté jusqu'à présent.

141. Indépendamment des explications qu'elle donne sur la composition chimique des divers corps de la nature, qui intéressent plus particulièrement l'agriculture, l'étude de la chimie fait encore connaître au cultivateur les propriétés des corps naturels qui l'entourent et les innombrables phénomènes qui se révèlent journellement à la surface du globe et qui constituent la vie générale de la nature. C'est par là, enfin, qu'il est instruit des propriétés chimiques de l'air, de l'eau, des minéraux et des substances végétales et animales.

142. **Air atmosphérique.** — Considéré au point de vue de ses propriétés chimiques, « l'air, dit Hugo Reid, est un corps mince et bleuâtre, puisqu'il affecte cette teinte quand il se présente à nos yeux en masse quelque peu considérable. Il est composé, sur 1,000 par-

ties en poids, de 756 parties d'azote, gaz qui ne sert ni à la combustion ni à la respiration, de 233 parties d'oxygène, gaz qui active l'un et l'autre de ces phénomènes, de 10 parties de vapeur d'eau et de 1 partie d'acide carbonique. L'air est constamment sujet à divers changements, qui ne cessent de faire éprouver des modifications plus ou moins grandes à sa composition chimique. La respiration des animaux enlève à l'air de l'oxygène, qu'elle remplace par de l'acide carbonique ; par moments, les feuilles des plantes se trouvent dans le même cas, tandis qu'à d'autres époques elles absorbent dans l'air de l'acide carbonique et lui restituent de l'oxygène ; les plantes envoient encore dans l'atmosphère de la vapeur d'eau. Pendant la fermentation, il se dégage de l'oxygène et de la vapeur d'eau, et, d'un autre côté, l'oxygène de l'air est souvent absorbé. La combustion laisse passer dans l'air, à l'aide de l'oxygène, de l'acide carbonique et de la vapeur d'eau.

« L'air atmosphérique est indispensable à la vie des animaux et des plantes et il leur est apporté par différents moyens. L'oxygène enlève le carbone hors du corps des animaux, puisqu'il transforme cette substance en gaz acide carbonique, par l'intermédiaire des poumons ; il se combine avec les corps combustibles et produit de cette manière de la chaleur et de la lumière, et joue un grand rôle dans une foule d'autres phénomènes, tels que la fermentation, la germination, etc. L'azote tempère l'action trop vive de l'oxygène. L'acide carbonique et la vapeur d'eau sont, à la vérité, moins directement nécessaires à la vie animale que l'oxygène et l'azote ; cependant leur absence, pour peu qu'elle se prolongeât, ne pourrait manquer d'avoir des suites fâcheuses, et dans l'économie générale de la nature ces substances rendent de grands services. La masse totale d'air est si grande et les divers éléments qui la composent sont toujours si entremêlés par les vents et par le phénomène de la distribution, qu'il se passerait des siècles avant que les différents phénomènes que nous venons de mentionner pussent apporter un changement *appréciable* dans sa composition, et il faudrait des milliers d'années pour qu'il fût mis hors d'état de pouvoir servir à l'un ou à l'autre de ses usages, lors même qu'il n'y fût point mis obstacle par la vie végétale, dont la mission est si visiblement de contre-balancer l'action des différents phénomènes qui rendent l'air impropre à la combustion et à la respiration, etc. Les éléments constitutifs de l'air atmosphérique, dont chacun est appelé à rendre tant de services, séparément et sans le concours des autres, ne sont point combinés chimiquement, puisqu'ils ne pourraient ainsi satisfaire à ces conditions ; mais ils se trouvent mélangés mécaniquement, de sorte qu'ils peuvent être facilement séparés par des substances qui ont une grande affinité pour l'un ou l'autre de ces éléments. Cependant les proportions de ce mélange sont partout les mêmes dans l'air et conformes aux lois découvertes par Dalton. »

143. Eau. — Reid décrit de la manière suivante les propriétés chimiques de cette substance universellement répandue et qui a la propriété de prendre différentes formes. « Telle qu'elle se présente d'ordinaire, l'eau renferme un grand nombre de corps, quoiqu'elle se trouve principalement composée de deux éléments, les autres n'y existant qu'en très-minime proportion. Lorsqu'elle est décomposée en ses éléments principaux, chacun de ceux-ci prend la forme gazeuse et apparaît alors sous forme d'hydrogène, corps inflammable, mais qui ne saurait entretenir la combustion des autres corps, et en oxygène, qui possède cette dernière propriété, mais qui n'est pas combustible lui-même, comme Cavendish l'a démontré. Ces éléments s'y trouvent, en poids, dans le rapport de 8 parties d'oxygène contre 1 partie d'hydrogène, et, en volume, dans le rapport de 2 parties d'hydrogène et de 1 partie d'oxygène; car quand ils se combinent dans ces proportions, ces deux gaz donnent une certaine quantité d'eau et il n'en reste pas la plus petite parcelle qui ait échappé à la combinaison. En se transformant ainsi en vapeur d'eau, ces deux gaz condensent jusqu'aux 2/3 de la masse qu'ils forment étant séparés, et ne représentent plus que la masse de l'hydrogène seul qui a pris part à la combinaison. Aussi bien l'eau est-elle une véritable combinaison chimique, et non un simple mélange de ces deux éléments. Par la chaleur, l'eau se change en vapeur, et, quand elle perd beaucoup de son calorique, elle prend la forme d'un corps solide et constitue la glace. L'eau peut se combiner avec un grand nombre de corps solides et gazeux, qui alors deviennent liquides. Par suite de sa propriété dissolvante, l'eau sépare les diverses molécules des corps et leur fait éprouver le plus grand degré de division possible ; par là, elle les met intimement en contact les unes avec les autres, et dans cet état elles peuvent exercer l'affinité qu'elles ont pour les autres corps. L'eau entre également en combinaison avec les corps solides ; dans ce cas, elle devient solide elle-même ; elle existe également dans la composition des cristaux qui se trouvent dans le corps des animaux et des végétaux. Toute l'eau qui se rencontre sur la terre sort premièrement de l'Océan, sous forme de vapeurs qui viennent se déposer sur la terre ferme en neige, en pluie ou en rosée, et qui donnent lieu aux fleuves, sources ou lacs, suivant la nature du terrain sur lequel elles tombent. Dans ces diverses circonstances, l'eau possède des propriétés très-différentes, suivant qu'elle est en contact avec des substances qu'elle peut dissoudre. Les principales espèces d'eaux sont : l'eau de mer, qui renferme ordinairement du sel marin, etc. ; l'eau de pluie et de neige ; l'eau de source et de fontaine ; les eaux crues, qui doivent leurs propriétés au sulfate ou au carbonate de chaux ; les eaux bourbeuses ou de marais. Par l'ébullition et la distillation, on obtient l'eau à l'état de pureté ; dans cet état, toutes les matières étrangères qui s'y trouvaient dissoutes s'en séparent, et il ne reste que la partie aqueuse pure. Par suite de ce changement, l'eau devient insipide et repoussante, et ne peut plus servir à la boisson. En différents endroits, l'eau est tellement chargée des substances qu'elle a dissoutes, qu'elle en prend le goût et la couleur, et il arrive parfois que ces propriétés chimiques s'en trouvent tellement affectées, qu'elle contracte des propriétés médicinales. On en distingue surtout quatre sortes : l'eau chargée d'acide carbonique, dont l'élément caractéristique est l'acide carbonique, telles sont les eaux de Seltz, de Spa, de Pyrmont et de Carlsbad ; l'eau sulfureuse, qui contient du gaz hydrogène sulfuré, comme les sources d'Aix-la-Chapelle, d'Harrogate et de Moffat ; l'eau ferrugineuse, qui constitue les sources de Tundbridge, de Brighton et de Cheltenham ; enfin l'eau salée, dont l'élément caractéristique est le sel de cuisine, le sel d'Epsom ou sel de Glauber, et qu'on rencontre particulièrement à Bath, Bristol, Epsom, Cheltenham, Pitcaïthly, Dumblane, Seidlitz, Wisbaden et Hombourg. »

144. Terres. — Reid s'exprime ainsi sur la composition des minéraux : « Le règne minéral se compose de *roches* et de *pierres* qui sont dures, pesantes et cassantes, et insolubles dans l'eau, comme, par exemple, le grès, le basalte, l'ardoise, la pierre à feu ; de *sable* et de *terres*, qui sont meubles et semblables à de la poudre ; de *métaux naturels*, substances minérales qui se rencontrent très-rarement et qui ont pour caractères distinctifs d'être douées d'une grande pesanteur, d'être tenaces, malléables, ductiles, non transparentes et complétement insolubles dans l'eau ; de *sels naturels*, régulièrement cristallisés, moins durs que les roches et les pierres, solubles dans l'eau, et se composant d'un acide en combinaison avec un oxyde métallique ; enfin de *minéraux combustibles*. Toutes les différentes espèces de corps minéraux sont comprises dans ces six groupes ; toutefois les pierres et les roches

ne peuvent pas être considérées comme essentiellement différentes du sable et de la terre, puisque ces
derniers ne sont que des roches réduites en poudre.
Ces *quatre substances terreuses* forment la masse principale des éléments minéraux de la terre, car les quantités de minerais, de métaux, de sels et de métaux
combustibles qu'on rencontre dans leur composition ne
sont, comparativement, que tout à fait insignifiantes.
La matière terreuse se compose, en général, d'une
substance de nature métallique qui, en combinaison
chimique avec l'oxygène, donne naissance à un oxyde ;
cet oxyde est parfois combiné chimiquement avec un
corps qui tient de la nature des acides, comme Davy
l'a démontré le premier ; il s'allie encore à la potasse,
ainsi qu'à la chaux, l'argile, etc., qui, dans la généra-
lité de leur composition, se comportent d'une manière
analogue aux oxydes métalliques ordinaires. Les principales espèces de terres sont la *silice*, l'élément minéral constitutif du sable et des silex, qui se rencontre le
plus souvent dans les différentes espèces de terres, et
qui se distingue par sa dureté, son indestructibilité et
son indissolubilité dans l'eau et dans tous les acides, à
l'exception cependant de l'acide fluorhydrique ; l'*alun*,
l'élément composant du terrain argileux, caractérisé
par une certaine mollesse et flexibilité dès qu'il est
mélangé avec de l'eau, et qui est presque aussi répandu
que la silice ; la *chaux*, qui est facilement soluble dans
l'eau caustique, et qui se rencontre dans la nature
toujours en combinaison avec un acide, principalement
l'acide carbonique, ou avec quelque autre substance

terreuse ; ensuite la *magnésie,* la *baryte*, la *stron-tiane,* etc. Les masses de terres renferment encore des quantités considérables d'oxyde de fer et de potasse, comme il n'est pas rare non plus d'y rencontrer de l'oxyde de manganèse et de la soude. Les roches qui composent la croûte terrestre forment deux divisions principales, notamment celles qui sont stratifiées et celles où l'on ne remarque aucune espèce de stratification, et sont constituées par certaines substances minérales simples, pour la plupart des combinaisons de silice et d'alun avec de faibles quantités d'oxyde de fer, de chaux et de magnésie, et de différentes autres substances en quantité insignifiante. La composition chimique des terres et des sols est la même que celle des roches, puisqu'ils résultent de la désagrégation des dernières par les actions chimiques et mécaniques de l'air et de l'eau qui les ont réduits en poussière. Ceux des éléments qui entrent dans la composition des roches, sur lesquels cette action se fait le plus sentir, sont la potasse, la chaux et l'oxyde de fer. Leur action sur les minéraux dans la composition primitive desquels ils se rencontrent est semblable à celle d'un ciment qui réunit ensemble les différentes substances composantes; mais quand ils sont sur le point d'entrer dans de nouvelles combinaisons, ils perdent cette propriété pour le nouveau composé qui en résulte, et ce dernier se désagrége rapidement. C'est la cause de la détérioration des monuments et des édifices, et de la formation de la légère couche de terre meuble qui couvre les roches dures. Bientôt on voit apparaître sur

ces couches de terre diverses espèces de plantes qui,
en se décomposant à leur tour, y apportent des substances végétales, et c'est ainsi que se forme insensi-
blement le sol arable. » (Reid, *Chemistry of Nature.*)

CHAPITRE IV.

HISTOIRE NATURELLE.

145. Outre les propriétés physiques et chimiques, il faut encore, pour connaître tout ce qui se rapporte aux corps naturels, étudier leur forme extérieure si variable, ce qui fait l'objet de l'histoire naturelle. De toutes les sciences, c'est celle qui, à coup sûr, est la plus étendue, puisqu'elle embrasse à la fois l'origine, la croissance, la maturation, l'usage et l'habitat de tous les corps, tandis que la mécanique et la chimie les envisagent seulement au point de vue de leurs qualités. Et qu'on ne s'imagine pas qu'en traitant les mêmes corps dans chacune de ces sciences, il faille inévitablement tomber dans des redites. On ne peut prétendre connaître un corps à fond avant qu'on ait établi, jusque dans les détails, ses propriétés et ses caractères. Le règne naturel, dont la description fait l'objet de l'histoire naturelle, se compose de : *l'air*,

c'est-à-dire de la description des phénomènes qu'on aperçoit visiblement dans l'atmosphère, ce qui est du ressort de la *météorologie;* l'*eau,* ou la description de la nature et de l'origine de ce liquide sous les diverses formes de mers, fleuves, lacs et sources, science qui porte le nom d'*hydrographie;* la *terre,* ou la description des parties qui forment la composition de la croûte terrestre, et qu'on désigne sous le nom de *géologie;* la *botanique,* qui s'occupe de la forme des végétaux et des fonctions de leurs organes; enfin la *zoologie,* qui enseigne la structure et les fonctions des animaux.

146. Météorologie. — Les changements qui s'opèrent journellement dans l'atmosphère doivent nécessairement être l'objet des observations les plus attentives de la part des cultivateurs, car ces changements forment ce qu'on appelle le *temps,* dont le caractère exerce, en général, une si grande influence sur les résultats de leurs travaux; aussi l'étude de la météorologie est-elle de la plus haute importance. Le goût de cette science semble inné à l'Anglais; c'est un proverbe bien connu que sa première pensée, après qu'il a présenté son salut, se porte comme par instinct sur le temps. Du reste, où est l'homme qui ne se vante de connaître certains pronostics? Il y a parfois du vrai dans ces règles; il en est même qui sont incontestables, seulement il arrive fréquemment qu'elles sont mal appliquées; la plupart cependant n'ont aucune espèce de fondement, car souvent on veut déduire des règles générales de cas tout particuliers, en négligeant de faire entrer en ligne de compte des circonstances accidentelles qui y ont concouru. Ce n'est que par des observations scientifiques longtemps continuées, et par les judicieuses conséquences qu'on en tire, qu'il est possible de parvenir aux lois générales qui président aux différents phénomènes qui se présentent dans l'air. Dans ces dernières années, le monde savant a commencé à comprendre l'importance de semblables observations, de sorte qu'il ne manque plus d'indications très-claires sur cette partie, et de grandes pierres d'achoppement ont déjà été écartées. Les observations que Walkerer a consignées dans sa préface de la traduction du *Traité de Météorologie*, par Kaemtz, forment un cours méthodique de cette intéressante science, tout à fait à la portée des cultivateurs.

147. En traitant séparément des observations qui ont servi à établir les règles générales de cette science, et en les dégageant de celles qui se rapportent immédiatement aux phénomènes qui surviennent dans chacune des quatre saisons, il est possible d'introduire beaucoup plus de clarté dans l'étude de la météorologie. C'est cette dernière méthode que nous allons suivre, en nous bornant aux faits qui intéressent plus particulièrement l'agriculteur.

148. **Temps.** — Par cela même que le temps exerce, à toutes les époques de l'année, une influence manifeste sur les travaux des champs, il faut que le cultivateur cherche à acquérir la connaissance des règles générales qui président à ces phénomènes, afin qu'il soit en état de prévoir, en quelque sorte, les changements de température, et qu'il puisse se mettre

à l'abri de leur influence néfaste. Du reste, l'étude des diverses lois que suivent les éléments si subtils de la nature a ses difficultés, principalement parce qu'il n'est pas toujours facile de préciser celles qui exercent leur influence sur les phénomènes de l'air. Cependant l'expérience a démontré que des observations faites pendant longtemps, à l'aide de la science, sont le principal moyen de se mettre en possession de règles aussi sûres que possible sur les phénomènes de l'air.

149. En faisant observer que le temps exerce une influence si marquée sur les travaux des champs, je suis bien loin de prétendre que l'un ou l'autre plan de culture qui a été arrêté sur un domaine doive subir des changements essentiels par suite du temps ; bien au contraire, on doit en poursuivre la réalisation quoi qu'il arrive. Mais on ne saurait révoquer en doute que le cultivateur puisse se trouver dans la nécessité, quand la température est défavorable, de disposer son champ d'une tout autre manière qui, selon les circonstances, peut exiger moins de peine que celle qu'il avait primitivement en vue, et qu'un semblable changement dans la disposition peut influer considérablement sur la quantité et la qualité des récoltes. C'est ainsi, par exemple, que, par suite des pluies continuelles de l'automne de 1839, le sol se trouva tellement trempé que, loin de pouvoir ensemencer en blé d'hiver les champs qui avaient porté des pommes de terre, il ne fut pas même possible d'y faire servir la jachère pure, ce qui obligea un grand nombre de cultivateurs à semer, au printemps, de l'orge en place des céréales d'hiver. La conséquence immédiate de tout cela fut que la sole des produits de mars se trouva considérablement augmentée aux dépens de la sole des hivernages, qui fut réduite d'autant, ce qui multiplia tellement les travaux au printemps de 1840, que plus tard la récolte s'en trouva retardée, et que plusieurs autres calculs des cultivateurs furent aussi déjoués.

150. Les raisons ne manquent donc point au cultivateur pour acquérir les connaissances qui le mettent en état de se préserver de l'action nuisible de semblables influences. Mais peut-on déterminer le temps d'avance? Sans doute; c'est-à-dire qu'il est possible de prévoir le *caractère* de la température à laquelle on doit s'attendre, si elle sera pluvieuse ou s'il surviendra de la gelée, de la neige ou un froid sec, et cela d'après certains signes déterminés. C'est un fait généralement connu, que les gens qui passent une grande partie de leur vie en plein air et qui, par suite de la nature de leurs occupations, s'occupent à observer le temps, savent effectivement le préciser d'avance d'une manière assez exacte. Les bergers notamment et les marins ont passé de tout temps pour savoir prédire du moins les principaux changements qui surviennent dans l'atmosphère. Le capitaine d'un vaisseau de la compagnie des Indes orientales est devenu célèbre par la régularité avec laquelle ses divers pronostics se sont accomplis, et cette connaissance il la devait uniquement à ses observations, car ses études classiques ne valent pas la peine d'être citées. Un autre exemple de ce genre est celui d'un berger; dans l'année pluvieuse de 1847,

il arriva qu'un jour de la moisson où les travaux s'accumulaient considérablement, chacun prophétisait la pluie comme tout à fait certaine pour l'après-dînée; le berger seul prétendait, d'après les mêmes signes (sans doute de l'aspect que présentait le soleil), qu'il surviendrait du vent et non de la pluie, et le berger eut raison.

151. Je pense qu'on peut acquérir une connaissance plus exacte des changements de temps sur terre que sur mer, quoique les marins aient, en général, la réputation d'être très-experts en cette partie. On comprend, du reste, facilement que des marins dont la vie est mise en danger à chaque changement qui survient dans le temps, observent avec anxiété et précision certains signes précurseurs; mais l'observation des changements ordinaires de l'atmosphère n'appartient qu'au capitaine; l'équipage n'a qu'à obéir à ses ordres, et lui seul peut donner suite à ses observations météorologiques. Il en est tout autrement chez le berger; déjà pour s'épargner mainte peine inutile, il étudie toutes espèces de pronostics, et cette inclination se retrouve chez les plus jeunes garçons bergers. Il existe donc une grande différence entre le capitaine d'un navire et le propriétaire d'une exploitation rurale, au point de vue de la météorologie; le premier observe lui-même le temps, tandis que le second se sert de son berger plus savant que lui sur cette partie. Le capitaine donne les ordres que, d'après ses propres prévisions sur le temps, il juge nécessaires, tandis que le propriétaire est dépassé sous ce rapport par son berger ou son

charretier. Les conséquences de cette différence peuvent être résumées en peu de mots. Le capitaine de vaisseau prend des dispositions promptes et convenables pour écarter toute espèce de dangers, tandis que le propriétaire est souvent surpris dans ses travaux par une température défavorable qu'il n'a pas prévue et que son berger ou son charretier auraient bien pu lui prédire. Tout cela ne peut que confirmer de plus en plus la nécessité de la météorologie pour le cultivateur.

152. Mais comment acquérir cette connaissance? Le moyen le plus sûr nous est fourni, sans contredit, par les observations personnelles faites en plein air; mais il se passerait des années avant d'arriver à quelque certitude par ce procédé; aussi doit-on se familiariser avec les expériences des autres. Nous allons essayer de présenter de semblables observations dans les paragraphes suivants, en faisant remarquer que chacun doit s'imposer l'obligation d'en vérifier la justesse, partout où il aura l'occasion de le faire.

153. Les phénomènes qui se présentent dans l'air sont les principaux signes précurseurs du temps; on se sert par conséquent d'instruments particuliers pour découvrir les changements que nous ne pouvons facilement apprécier avec les sens. Ces instruments, dont nous avons déjà décrit un grand nombre, sont tous d'une construction extrêmement ingénieuse et indiquent parfaitement le but auquel ils sont destinés. Mais tout en nous disant la vérité, il arrive parfois que ces phénomènes atmosphériques diffèrent tellement que, même

les plus parfaits d'entre ces instruments, ne sauraient nous dire toute la vérité; aussi se voit-on forcé de chercher encore d'autres moyens pour arriver au vrai, et le plus sûr, c'est de tirer ses pronostics des phénomènes mêmes qui se montrent dans l'atmosphère. C'est ainsi que l'état passager de l'atmosphère, si elle est plus ou moins pure ou trouble, humide ou sèche, ce que nous pouvons voir ou sentir, la forme et l'apparition des nuages, ainsi que les divers vents, sont autant de signes qui annoncent le temps; mais pour cela, on doit observer ces phénomènes naturels pendant plusieurs années.

154. Baromètre. — Les pronostics que nous fournit le baromètre sont en petit nombre et faciles à connaître. Quand la hauteur de la colonne barométrique est très-élevée, le temps est au beau fixe; tandis qu'il vient de la pluie quand elle descend lentement et régulièrement, et beaucoup de pluie quand cet abaissement a lieu par un vent d'est. Un abaissement subit dénote une tempête dans les vingt-quatre heures, ce qui est d'autant plus sûr quand le vent est à l'ouest. Si le baromètre éprouve des oscillations multipliées et subites, on ne doit pas s'attendre à un temps constamment beau; il est vrai que, dans les intervalles, peuvent se présenter quelques jours de beau temps; mais celui-ci aura, en général, un caractère variable. Sous l'impression des vents d'est et nord-est, la hauteur de la colonne barométrique reste élevée en dépit de tous les signes qui annoncent un changement dans le temps. Lorsque ce vent tourne à l'ouest ou au sud-ouest, le baromètre s'abaisse d'ordinaire ; dans le cas contraire, sa position invariable équivaut à une élévation dans la colonne barométrique ; mais quand celle-ci ne fait que semblant de s'abaisser, c'est tout comme si elle s'était abaissée effectivement. La grandeur des oscillations dans ces cas particuliers peut s'élever à environ 2/10es de pouce. Sur mer, le baromètre est un excellent indicateur du vent, mais non de la pluie. Dans les observations sur le temps, une hauteur très-élevée de la colonne barométrique importe moins que les oscillations qu'elle éprouve. Si la colonne de mercure est convexe à sa partie supérieure, on peut tenir pour certain qu'elle ne tardera pas à s'élever, tandis qu'elle s'abaissera quand la surface du mercure est concave.

155. La direction du vent possède, à côté d'autres causes, une grande influence sur le baromètre. Le vent du nord-est exerce la pression la plus forte qui peut diminuer des deux côtés de l'azimuth, jusqu'à ce qu'entre le sud et le sud-ouest, elle se trouve à son *minimum*. A Londres, cette différence est d'environ 3/10es de pouce. La cause pour laquelle le baromètre monte d'ordinaire avec un vent d'est est probablement dans le froid que produit la fonte des neiges en Norwége et qui accompagne constamment cette espèce de vent ; de là une concentration des molécules de l'air. Cependant il n'est pas non plus invraisemblable, comme le présume Meikle, qu'une autre circonstance n'y soit mise en jeu, notamment que ce vent souffle dans une direction contraire à la rotation de la terre, ce qui diminue la force centrifuge des molécules d'air et en

amène une accumulation et par suite une plus grande pression atmosphérique.

156. Le degré de latitude exerce de même une influence considérable sur la pression atmosphérique et par là sur les oscillations périodiques de la colonne barométrique. On peut assurer que cette influence n'a aucune espèce d'importance sous l'équateur ; les ouragans seuls peuvent y occasionner des exceptions. A mesure qu'on s'avance vers les pôles, les variations du baromètre augmentent, sans doute par suite des vents irréguliers qui soufflent en dehors des tropiques. La variation moyenne de la colonne barométrique, sous l'équateur, ne s'élève qu'à 2 lignes, la ligne = 1/12ᵉ de pouce ; en France, elle est de 10 lignes et en Écosse de 15 pour toute l'année, dans lesquelles sont naturellement comprises les oscillations mensuelles. La marche de ces oscillations ne paraît pas être parallèle aux degrés de latitude, mais bien analogue aux inflexions des lignes isothermales qui doivent avoir une ressemblance frappante avec les lignes isoclines-magnétiques de Hansteen. S'il en est ainsi, il est probable qu'elles sont toutes deux liées ensemble par la moyenne de la température. Kaemtz a montré récemment la corrélation qui existe entre les vents et les variations de la colonne barométrique, et a prouvé clairement l'influence des courants d'air qui prédominent en Europe dans le sens transversal et qui, sans être tout à fait réguliers, n'en suivent pas moins certaines règles générales bien déterminées.

157. **Thermomètre.** — Les expériences sur la

température moyenne d'un grand nombre de lieux appartiennent aux résultats les plus intéressants qu'on ait obtenus à l'aide du thermomètre. On a reconnu par là que des oscillations diurnes n'ont pas seulement lieu dans la pression de l'air, mais encore dans sa température, et que ces dernières varient à leur tour avec les différentes époques de l'année. Des observations fréquentes faites pendant toute la durée du jour pouvaient seules établir la température moyenne de différents lieux ; mais on a reconnu qu'il est des heures de la journée où pendant toute l'année la température moyenne est égale à la température moyenne des vingt-quatre heures ; si cela se confirme, les observations s'en trouveront beaucoup facilitées. On a remarqué une concordance frappante dans les résultats d'une longue série d'années. C'est ainsi que cette époque de la température moyenne du jour s'est trouvée être en 1824 à 13 minutes après 9 heures de la matinée et à 26 minutes après 8 heures du soir ; pour l'année 1825, à 13 minutes après 9 heures du matin et à 28 minutes après 8 heures du soir, ce qui fait en moyenne, pour ces deux années, 13 minutes après 9 heures du matin et 27 minutes après 8 heures du soir. Ces résultats ont été obtenus à l'aide d'une série d'observations faites, à Leith-Fort, par la Société royale d'Édimbourg pendant les années 1824 et 1825. Une autre conséquence de ces observations, c'est que l'heure moyenne du jour où la température est à son *minimum* est, pour toute l'année, à 5 heures du matin et celle de la température *maximum*, 40 minutes après

2 heures de relevée; on a encore trouvé que la déviation entre chaque 2 heures de même dénomination et
la température moyenne du jour est moindre que
1/2 degré Fahrenh., et que de toutes les heures paires
prises ensemble, 4 heures de la matinée et de l'après-
dîner en sont le plus rapprochées ; que la température
moyenne annuelle de chaque heure ne diffère jamais
plus de 3°,2 de la moyenne du jour pour toute l'année ;
que la moyenne des oscillations journalières atteint son
minimum à l'époque du solstice d'hiver et son *maximum*
en avril, et que dans nos climats elle s'élève en moyenne
à 6°,065. La température moyenne pour Leith-Fort
résultant d'une moyenne de deux années et à une hauteur de 25 pieds au-dessus de la surface moyenne de
la mer s'est fixée à 48°,36 Fahrenh. Dans le voisinage
d'Édimbourg, on a trouvé, à une hauteur de 390 pieds
au-dessus de la surface moyenne de la mer, à 10 heures
du matin et du soir, d'après un thermomètre ordinaire
et d'après un thermomètre *à minima* et *à maxima*,
pour la moyenne réduite sur la moyenne de la surface
de la mer, 48°,413 par le thermomètre *à maxima* et
à minima et 48°,352 par le thermomètre ordinaire,
observations qui concordent d'une manière frappante
avec celles de Leith-Fort. La température moyenne
d'un lieu peut être établie assez exactement en observant
la température des sources profondes situées dans les
environs.

158. Vapeurs d'eau. — A toutes les températures et à chaque époque de l'année, l'eau se change
en vapeur qui monte dans l'air, et quand ce dernier en

renferme autant qu'il peut en contenir sous une température donnée, on dit qu'il en est saturé. La quantité de vapeur d'eau qui peut être absorbée atteint, pendant toute l'année, son *minimum*, le matin, avant le lever du soleil. Vers le même temps, l'humidité de l'air est arrivée à son *maximum* par suite de l'abaissement de température. A mesure que le soleil s'élève à l'horizon, l'évaporation augmente et l'air reçoit à chaque instant une quantité de plus en plus grande de vapeur d'eau. Mais comme la capacité de l'air pour la vapeur d'eau augmente avec l'accroissement de température, il s'éloigne de plus en plus de son point de saturation et son hygroscopicité diminue sans interruption jusqu'à ce que la température ait atteint son *maximum*.

159. Le matin quand l'évaporation commence avec l'élévation de température, les vapeurs d'eau s'accumulent à la surface du sol, par suite de la résistance de l'air. Mais cette couche de vapeurs d'eau n'atteint pas une grande hauteur ; car dès que le courant ascensionnel commence, elles sont attirées vers la partie supérieure de l'atmosphère avec une force qui s'accroît jusqu'au milieu du jour. Par là, l'évaporation à la surface du sol devient de plus en plus forte par suite de l'accroissement de température ; mais comme le courant ascensionnel emporte constamment la plus grande partie, il se produit une diminution dans la quantité de vapeur d'eau. Mais lorsque par suite de l'abaissement de température le courant ascensionnel s'affaiblit le soir et cesse à la fin totalement, les vapeurs d'eau

ne s'accumulent pas seulement dans les couches inférieures, mais elles descendent également des régions
élevées, ce qui, le soir, donne lieu à un second
maximum, qui ne peut cependant subsister, puisque
l'air devient nécessairement plus sec pendant la nuit
quand les vapeurs d'eau se condensent en rosée ou en
gelée blanche.

160. La quantité de vapeur d'eau doit naturellement varier avec l'époque de la journée et de l'année,
avec les diverses contrées et la hauteur de l'atmosphère.

161. L'expérience journalière nous a appris depuis
longtemps que l'air n'est pas également humide avec
toute espèce de vent. Quand le cultivateur veut sécher
sa récolte ou son foin, ou que la ménagère arrose son
lin roui, ils sont très-contents quand l'un ou l'autre
vent souffle sans interruption, quoique la besogne
avance moins avec le vent d'ouest. Dans l'art du tein-
turier, il est certaines opérations qui ne peuvent pas
réussir quand le vent est à l'est.

162. Le docteur Dalton a trouvé que la pression de
la vapeur d'eau sous la zone torride varie de 0,6 pouce
à 1 pouce d'oscillation du baromètre. En Angleterre,
il est bien rare qu'elle atteigne 0,5 pouce, ce qui ne
s'observe fréquemment qu'en été, tandis qu'en hiver
elle descend au-dessous de 0,1 pouce. Ces faits nous
fourniraient le moyen d'établir la quantité absolue de
vapeur d'eau qui se trouve dans l'atmosphère à un
moment donné, si nous étions convaincus que, dans
son élasticité et sa densité, elle suivît la loi des gaz,

comme cela paraît être en réalité. S'il en était ainsi, les vapeurs d'eau pourraient bien former la 1/60ᵉ jusqu'à la 1/100ᵉ partie de toute la masse d'air atmosphérique, ou en moyenne la 1/70ᵉ partie, d'après les calculs de Dalton.

163. Quant à la hauteur à laquelle elles s'élèvent, cela dépend entièrement de la température. Lorsque les vapeurs d'eau ne parviennent qu'à une hauteur modérée, on distingue facilement la couche supérieure, puisque la partie plus profonde de l'atmosphère apparaît plus dense que l'air qui la couvre. Cette couche supérieure est désignée sous le nom de plage des vapeurs d'eau, et si, comme cela arrive fréquemment, un nuage, en descendant, est attiré par cette dernière et y reste appuyé, la partie inférieure du nuage apparait fortement étendue dans le sens vertical.

164. **Hygromètre.** — L'air humide, comme en général tout ce qui communique une sensation d'humidité, produit en nous une impression désagréable. Chiminello a confectionné des hygromètres avec des tuyaux de plumes, ce qui rend très-probable que les oiseaux sentent d'avance les changements qui surviennent dans la température. Car on comprend facilement que quand un animal porte sur soi des milliers d'hygromètres groupés les uns près des autres, il faut qu'avec la tension de ses organes, le moindre changement, quelque faible qu'il soit, dans l'état hygrométrique de l'air lui devienne sensible. Déjà Virgile, dans ses *Géorgiques,* dit de la grue qu'elle prévoit la tempête.

165. La vapeur qui s'échappe de la cheminée d'une locomotive constitue également une espèce d'hygromètre. Quand l'air est saturé d'humidité, il ne peut plus en absorber et en dissoudre, et de là vient qu'on voit souvent une longue traînée de vapeur blanche appendue au convoi ; mais quand l'air est sec, il absorbe et tient en suspension cette vapeur telle qu'elle sort de la cheminée. Il arrive parfois, absolument de la même manière, que l'air humide ne peut dissoudre les vapeurs qui sortent du cratère d'un volcan, et celles-ci dès lors restent pendues au-dessus de son sommet comme une espèce de nuage, que les habitants de la contrée envisagent comme un signe précurseur de la pluie.

166. **Nuages.** — Il n'est que peu de phénomènes dans la nature qui annoncent plus sûrement les changements de temps que ne le font les nuages, et, à ce titre, ils méritent d'être étudiés par les cultivateurs. En ne se livrant qu'à une observation superficielle, il pourrait bien arriver qu'il s'en trouvât ne voulant pas admettre que les différentes formes qu'ils affectent aient lieu d'après des lois déterminées. Mais une semblable opinion ne serait pas raisonnable, puisqu'il n'est point de phénomène dans la nature qui n'ait pour base l'une ou l'autre loi physique parfaitement déterminée, quoique, comme cela arrive en semblable matière, elle ait échappé aux observations philosophiques les plus minutieuses.

Nous pouvons tenir pour certain que tout changecause déterminée, et si nous ne pouvons préciser lequel des nuages tient le plus de vapeur d'eau en suspension, nous ne devons en accuser que l'ignorance dans laquelle nous sommes encore relativement au mode d'action de la loi qui préside à la formation des nuages. Cependant les météorologues sont déjà parvenus à établir une classification des différentes espèces de nuages, qu'ils ont divisés en trois formes principales, dont toutes les autres ne sont que des combinaisons, deux à deux ou même trois à trois. On distingue comme formes principales : le *cirrus* ou nuage frisé (agneau) ; le *cumulus* ou les nuages entassés, et le *stratus* ou nuage couché (nuage stratifié). En se combinant les unes avec les autres, elles donnent naissance au *cirro-cumulus* ou les nuages frisés disposés en tas ; au *cirro-stratus* ou les nuages frisés en couches successives ; au *cumulo-stratus* ou des tas de nuages stratifiés, et au *cumulo-cirro-stratus* ou des tas de nuages frisés disposés par couches successives, encore appelé *nimbus* ou nuage pluvieux.

167. La suspension des nuages dans l'air est un phénomène qu'on n'est pas encore parvenu à éclaircir suffisamment ; jusqu'à présent, on comprend difficilement comment des nuages qui versent des milliers de tonneaux d'eau sur la terre, puissent flotter dans l'air. Mais en observant un peu plus près la formation d'un nuage, on peut arriver à une solution satisfaisante du problème. Chaque fois que des vapeurs d'eau se condensent dans l'atmosphère, la transparence de cette dernière en est troublée. Quand une pareille conden-

sation aqueuse se trouve près du sol on la désigne sous le nom de brouillard, tandis qu'on l'appelle nuage quand elle se trouve suspendue, à une certaine hauteur, dans l'atmosphère. On entend souvent des gens qui gravissent les montagnes se plaindre de ce que le brouillard les a empêchés de jouir du beau coup d'œil, tandis que les habitants de la plaine disent que le sommet de la montagne est enveloppé dans un nuage. Le nuage est composé de petites vésicules d'eau, qui, en obéissant à la pesanteur, prennent la forme d'une sphère; il est très-probable que ces petites sphères sont creuses ou remplies d'air, puisque celles qui s'élèvent dans l'atmosphère sont, d'après Saussure, totalement différentes des gouttes d'eau qui tombent, de sorte qu'il n'est nullement douteux qu'elles ne soient creuses à l'intérieur. En outre, quand on les expose à une forte lumière, elles ne montrent point cet aspect flamboyant que présentent les gouttes d'eau, et jamais on n'a vu un arc-en-ciel se former devant un nuage. Abandonnées à elles-mêmes, ces vésicules tomberont à terre, en vertu des lois de la pesanteur, comme tout corps qui est plus pesant que l'air; mais il y a dans l'atmosphère toutes sortes d'influences qui agissent sans interruption et qui, pendant un temps déterminé, les empêcheront de tomber. Ces influences sont le courant qui se forme journellement dans les régions supérieures par suite de l'action de la chaleur; les courants horizontaux qui, à de certaines époques, se succèdent avec beaucoup de force; enfin le mouvement

ainsi que l'élasticité que ces dernières tiennent directement de la chaleur. Indépendamment de ces causes physiques, des influences chimiques pourraient bien encore agir entre elles et l'air ; et au-dessus de tout cela, l'électricité opposera certainement son action mystérieuse aux lois de la pesanteur et permettra aux vésicules de flotter à une certaine hauteur.

168. Cirrus. — La première forme de nuage qui doit tout d'abord fixer notre attention est le cirrus ou nuage frisé. C'est lui qui est le moins dense de tous les nuages, composé de stries de vapeur d'eau qui ont une teinte blanche et un aspect fibreux, et il apparaît constamment à une hauteur considérable dans l'atmosphère. La forme de ces stries fibreuses change souvent. Elles ressemblent parfois à des bâtons longs et minces en repos, ou flottant légèrement çà et là dans la région supérieure de l'atmosphère, mouvement qui a lieu du sud au nord et le plus souvent du sud-ouest au nord-est. D'autres fois le bout supérieur du bâton est frisé et se trouve écarté comme la barbe d'une plume ; et, sous cette forme, ce nuage possède un mouvement un peu plus rapide et est visiblement chassé par les vents. On présume que la forme en bâton que présente le cirrus est due à ce qu'il conduit l'électricité d'un nuage à l'autre ou d'un espace de l'air à l'autre. Une autre forme du même nuage est bien connue sous la dénomination généralement usitée de « queue de jument grise » ou « barbe de chèvre. » Dans cette forme, le cirrus est poussé plus fortement encore par les vents. Une nouvelle forme du même nuage est celle d'une mince surface fibreuse, qui s'étend parfois sur une largeur considérable, absolument comme une aurore boréale. On pourrait encore citer plusieurs autres formes, telles que des mailles, des faisceaux de plumes, des poils, fils, etc. Les Suisses appellent le cirrus nuage du sud-ouest, parce qu'il y précède constamment le vent du sud. Comme il affecte toujours une couleur blanche uniformément vive, Kaemtz pense qu'il se compose de neige et non de vapeur d'eau, ce qui est d'autant plus probable que ce nuage est situé dans la région des neiges; car Kaemtz prétend qu'il ne descend pas plus bas que 13,700 pieds.

169. De toutes les différentes formes de cirrus, le bâton fibreux est celle qui se trouve à la hauteur la plus considérable; après elle vient celle qui représente un bâton barbu à un de ses bouts; tandis que le faisceau de plumes se rapproche déjà plus du sol; que la queue de jument descend encore plus bas et que la forme de la surface n'est pas située plus haut que les nuages plus denses.

170. Quand le temps est beau, on peut voir le bâton fibreux toute la journée appendu au haut du ciel, ou bien il disparaît promptement ou descend vers une forme de nuage plus dense. Lorsque l'un des bouts est frisé en forme de plume, on peut en conclure qu'il est sur le point de disparaître; la forme en plume fond bientôt; la queue de jument ne résiste que peu d'heures au vent passablement violent qui la chasse devant lui; enfin, la forme qui ressemble à une large surface est sou-

171. Ordinairement le ciel est coloré en bleu grisâtre quand paraît le bâton fibreux et à bout barbu, tandis que la forme en faisceau de plumes ne se montre que dans le bleu le plus intense. Isaac Newton a observé que ce bleu intense n'apparaît au ciel que peu de temps avant qu'il se produise un changement de la sécheresse de l'air à son état humide.

172. Quand des cirri se montrent dans le bleu pur, calme et sec du ciel, le temps change immanquablement. Quand ils paraissent sous la forme d'une barbe de chèvre ou d'une queue de jument, on doit s'attendre à du vent, soufflant de la direction indiquée par le sommet de ces formes, ordinairement du sud-ouest. Lorsque les cirri descendent plus bas et passent à la forme du cirro-stratus, il est certain qu'il pleuvra, et quand ils paraissent tout au haut de l'azur du ciel, pendant qu'un nuage se résout en pluie, celle-ci persistera. Des cirri qui se traînent des deux côtés du zénith sont des précurseurs d'un ouragan, qui dure souvent plusieurs jours. Quelle que soit la direction que prennent les cirri et de quelque point du ciel que le vent souffle dans le même temps à la surface du sol, ce dernier ne tardera pas à venir du côté indiqué par la forme du cirrus.

173. **Cumulus.** — La meilleure comparaison qu'on puisse faire de ce nuage est celle d'un tas de foin ; sa conformation varie peu et sa structure paraît rarement autre que massive ; mais il change de grandeur et de teinte avec la température et la sérénité du jour, puisqu'il augmente de largeur et d'éclat quand la chaleur

et la clarté deviennent plus intenses. C'est ainsi que le cumulus apparaît, en général, avant le lever du soleil, se développe prodigieusement jusqu'à midi, de sorte qu'il n'est pas rare de le voir obstruer le soleil, et fond de nouveau à l'approche de la nuit. Aussi lui a-t-on encore donné le nom de « nuage du jour. » En raison de sa grande densité, il ne s'élève pas bien haut dans l'air ; cependant, il arrive souvent qu'il flotte pendant toute une journée à une hauteur considérable au-dessus de la surface du sol, retenu qu'il est par un plan de vapeur d'eau. Quand il se trouve en repos au haut du ciel, sa base forme une ligne droite. A toutes les époques de l'année, c'est la forme de nuage prédominante pendant le jour, et qui paraît d'un très-bel effet quand elle se détache de l'azur du firmament avec ses bords argentés qui se fondent dans le gris. Souvent de semblables cumuli se réunissent, mais ils se séparent tout aussi rapidement, en conservant toujours leur forme caractéristique. Quand le temps est calme, on les voit fréquemment flotter dans l'air, sans s'élever bien haut au-dessus de l'horizon, ou bien ils sont chassés à une hauteur plus considérable par les vents et projettent leur ombre ambulante sur la terre. Quand ils se meuvent, la section que présente leur base n'est pas aussi droite que quand ils sont en repos. Parfois ces cumuli se détachent par fibres et montent bien haut dans l'air pour y former des cirri, ou bien ils descendent plus bas pour constituer des strati ; d'autrefois, à quelque distance de l'horizon, apparaît un seul cumulus, qui forme en un nuage qui renferme la tempête, ou couvre alors le ciel d'un voile épais sur une vaste étendue.

174. Kaemtz a observé que des cumuli se produisent quand les courants ascensionnels emmènent la vapeur d'eau dans les régions supérieures de l'atmosphère, où l'air plus froid en est très-promptement saturé. Quand le courant devient plus intense, les vapeurs d'eau et les nuages s'élèvent davantage; mais comme la température s'y abaisse de plus en plus, leur contour augmente sur une échelle bien plus grande. C'est ainsi qu'il peut arriver que le ciel, pur et serein le matin, soit entièrement couvert de nuages vers midi. Quand le courant diminue d'intensité vers le soir, les nuages descendent et comme ils parviennent alors dans des couches d'air moins chaudes, ils se résolvent de nouveau en vapeur d'eau invisible. C'est cette métamorphose qui, d'après Saussure, est la cause de la forme arrondie de ce nuage. En effet, chaque fois qu'un liquide passe à travers un autre, la chose a lieu constamment à l'aide de la résistance contre le milieu environnant et parce que ses diverses parties se font mutuellement résistance; alors celui-ci prend une forme cylindrique avec un segment de cercle ou une forme composée d'arcs de cercle. C'est ainsi que les masses d'air qui montent sont de grandes colonnes limitées par des nuages. Les petits tourbillons qui existent aux bords des nuages apportent également leur part pour communiquer à la masse totale cette forme arrondie, semblable aux spirales de fumée qui s'échappent d'une cheminée.

175. Des cumuli arrondis et bien conformés indiquent que le temps est fixe; mais quand ils sont beaucoup ramifiés à leurs bords, on doit s'attendre à de la pluie; si leurs bords sont frisés en dedans, une tempête est imminente, et s'ils paraissent soufflés en dehors, on aura du vent. Quand les cumuli persistent encore le soir et qu'ils augmentent de dimension, ils annoncent la pluie; mais quand ils se forment le matin et qu'ils disparaissent à l'approche de la nuit, le temps sera constant. Les cumuli sont entièrement caractéristiques pour les belles journées d'été.

176. Une autre variété de cette forme de nuage peut être observée dans de tout autres circonstances. Souvent on voit s'élever l'après-dîner des masses épaisses de nuages, qui possèdent une forme arrondie ou plus ou moins allongée, sans être nettement limités; leur nombre augmente vers le soir, et, la nuit, le ciel en est tout couvert et il reste dans cet état jusqu'à ce que quelques heures après le lever du soleil, le voile tombe entièrement; de véritables cumuli apparaissent alors, mais ils flottent dans des régions très-élevées, comme on l'a directement établi par le calcul. Cependant, vers le soir, les premiers prennent de nouveau la place des véritables cumuli. Ces nuages sont également composés de vésicules de vapeur d'eau très-denses, comme les cumuli et les cumulo-stratus, mais ils s'en distinguent en ce qu'ils disparaissent pendant le jour. Ils ont également beaucoup d'analogie avec la forme du

haut. En attendant, ils concordent plus avec les stratus qu'avec les cumuli, et on pourrait les désigner par le nom de strato-cumulus.

177. L'influence que le soleil exerce sur les nuages donne lieu à des changements dans l'atmosphère qui sont bien connus du cultivateur. Le matin, le ciel est chargé de nuages et il pleut à verse; mais vers les neuf heures, les nuages se dissipent, le soleil perce, et le temps est très-beau pendant le reste de la journée. Une autre fois, le ciel est pur toute la matinée, mais l'air est très-humide. Bientôt il s'élève des nuages vers midi, le ciel est entièrement couvert, la pluie tombe et ne cesse que vers le soir. Dans le premier cas, c'étaient des strato-cumulus et dans le second des cumulo-stratus; les premiers ont été dissipés par les rayons solaires et les seconds se sont formés sous leur influence. Si la température et l'état hygrométrique de l'air nous étaient connus à deux ou trois mille aunes de hauteur, tout comme ils le sont à la surface du sol, l'explication de ces anomalies apparentes ne se ferait pas longtemps attendre. (Voyez Kaemtz, *Complete course of Meteorologie,* page 120-122.)

178. **Stratus.** — Le stratus est une agglomération de vapeur d'eau telle qu'on l'aperçoit dans les vallées, par une soirée d'été, qui laisse encore sortir le sommet des arbres et des clochers, lesquels se détachent par des contours nettement visibles. C'est aussi lui qui forme la paroi verticale, bien connue, des masses de nuages foncés, tel qu'on le voit tout le long de l'horizon pendant des nuits entières. Le stratus con-

stitue également les brouillards minces, secs, blanchâtres, qui, au printemps et en été, sous l'influence
d'un vent d'est, s'étendent de la mer sur le continent,
et qui ont cela de particulier qu'ils ne répandent pas
d'humidité. Lorsque ce brouillard se trouve appendu
en hiver au-dessus d'une ville, comme cela se voit fréquemment pendant des journées entières, il montre une
teinte d'un jaune intense, qui provient probablement de
ce qu'il est mélangé à de la fumée. Tels sont, par exemple, à Londres les brouillards de novembre. Parfois, le
stratus s'élève dans les régions élevées sur un plan de
vapeur d'eau et passe alors à la forme de cumulus. Comme
il apparaît fréquemment le soir et disparaît pendant le
jour, il a reçu le nom de nuage nocturne. Lorsque la
lumière de la lune donne sur des stratus, ils prennent
une teinte d'un gris livide, à laquelle on attribuait probablement ces apparitions de spectres qui anciennement
inspiraient tant de frayeur aux gens trop crédules. Le
stratus vif et sec est plus fréquent au printemps ou en
été, tandis que celui qui est épais et humide se montre
de préférence en automne et en hiver.

179. Quand le stratus s'évapore avant le lever du
soleil, la journée sera belle; mais quand il prend son
essor vers les montagnes et qu'il se dépose autour de
leur sommet, la pluie tombera jusque dans l'après-
dîner. Si, durant le jour, il descend des montagnes
dans les vallées, il pleut à coup sûr, et s'il se maintient
pendant longtemps à une hauteur considérable, il se
résout en une pluie universelle.

sa forme fibreuse et prendre la texture à grains plus uniforme du cumulus, et lorsqu'il se décompose alors en un certain nombre de morceaux arrondis, il constitue de petits cumuli peu épais et d'une teinte blanchâtre qui s'arrangent les uns à la suite des autres, à la manière des cirrus ou par groupes. Ils sont toujours situés très-haut dans l'air et d'un aspect magnifique sur l'azur du ciel. Ils se montrent le plus fréquemment en été.

181. Lorsque le vent de SO. prédomine et s'étend dans es régions plus basses de l'atmosphère, les cirri se condensent de plus en plus, puisque l'air est plus humide, et alors ils passent à de légers cirro-cumuli qui sont entièrement composés de vésicules de vapeur d'eau. Leur composition est si légère qu'ils sont traversés par les rayons solaires, et Humboldt a pu souvent observer, à travers leur épaisseur, et cela très-distinctement, des étoiles du quatrième rang et même les taches de la lune. S'ils se trouvent devant le soleil et la lune, ces corps sont entourés d'un anneau très-curieux. Les cirro-cumuli annoncent la chaleur; il paraît que les vents chauds du sud qui dominent dans les régions inférieures, n'amènent pas avec eux des quantités suffisantes de vapeur d'eau pour que le ciel soit entièrement enveloppé de nuages, et qu'ils n'agissent que par suite de leur température élevée.

182. Des cirro-cumuli épais et compactes indiquent la tempête; de petits tas arrondis, l'orage, et, quand leur conformation est rubanée, on doit s'attendre à du vent ou de la pluie. Souvent, sans qu'il pleuve, les

cirro-cumuli s'élèvent plus haut que la formation du nimbus. Quand ils paraissent, le matin, en grand nombre, avec une teinte grise, on aura du beau temps, et de la pluie, quand la couleur en est rouge. Ils annoncent d'une façon tout à fait sûre qu'une décharge électrique est imminente et qu'elle aura lieu dans les vingt-quatre heures qui suivent la formation complète de ce nuage.

183. Cirro-stratus. — Les cirri peuvent encore descendre plus bas et constituent, dans ce cas, la formation cirro-stratus; alors leurs fibres se serrent les unes contre les autres dans un sens horizontal. Ce qui les caractérise, c'est qu'ils ne sont jamais situés bien haut et qu'ils paraissent toujours allongés et très-épais. Parfois ils se composent de longues stries très-denses, et qui le deviennent plus encore quand une grande et large paroi de nuages paraît verticalement le long de leurs bords. Tantôt ils représentent un essaim de jeunes poissons, d'autres fois ils apparaissent couverts de taches; souvent ils se montrent veinés comme le bois, et parfois aussi ils présentent l'aspect de bancs de sable, tels qu'on les voit sur une côte sablonneuse quand la marée est basse.

Plus le cirro-stratus paraît ondulé, plus il est situé haut, et plus il est épais et disposé par couches, plus aussi il est voisin du sol. Dans ce dernier, on peut le voir souvent quand il coupe le sommet d'une montagne ou qu'il se traîne derrière elle, ou qu'il passe en tra-

lèles et non épaisses, qui s'étendent transversalement au-dessus du zénith, de sorte qu'elles touchent l'horizon par leurs deux bouts ; cette forme caractéristique est désignée sous le nom d'*arche de Noé*.

D'autres fois, les cirro-strati coupent le ciel transversalement à l'ouest, quand le soleil se couche, sous forme de stries épaisses et nettement tranchées dont les bords paraissent dorés ou teints en rouge cramoisi ou écarlate par les rayons solaires. D'autres fois encore, le cirro-stratus s'étend comme une large bande de toile totalement en travers du ciel, de sorte qu'il cache souvent le soleil et la lune pendant des journées entières, et dans ce cas on remarque souvent autour d'eux un halo ou un parhélie. Quand sa forme est plus dense, il ressemble parfois à de petits animaux à corps allongé ou à des ornements d'architecture, et c'est la forme de nuage qui peut revêtir le plus grand nombre de métamorphoses. Les stries du cirro-stratus s'observent le plus souvent en automne et en hiver, tandis que les formes plus tendres sont plus fréquentes en été.

184. « Quand le vent du sud-ouest prédomine, dit Kaemtz, et descend dans les couches inférieures de l'atmosphère, les cirri se condensent de plus en plus, puisque l'air devient plus humide, et passent alors aux cirro-stratus, qui d'abord paraissent semblables à du coton en cartouches, dont les fils s'entrecroisent en se serrant fortement et prennent peu à peu une teinte grisâtre ; en même temps le nuage paraît baisser, et il se forme des vésicules de vapeur d'eau qui se condensent bientôt en pluie. Quand les cirro-strati sont colo-

rés en blanc et quand ils sont nettement tranchés de l'azur du ciel, une tempête surviendra immanquablement. »

185. Cumulo-stratus. — C'est toujours un nuage très-dense, qui s'élargit à sa base dans la forme du stratus, et dont la partie supérieure se perd fréquemment dans des cirri, des cirro-cumuli ou des cirro-strati. Il montre d'ordinaire une série de nuages agglomérés qui pendent à l'horizon et qui ont l'aspect de grandes montagnes aux sommets et aux flancs argentés, et séparées entre elles par des vallons sombres ; ou bien il apparaît sous forme de masses blanches effrayantes, extrêmement variables, qui s'amoncellent à l'horizon et qui sont toujours prêtes à se réunir à quelque autre nuage, en présentant alors un nuage épais et noir qui renferme la tempête. Rien, dans ces deux cas, ne dépasse la grandeur pittoresque de leurs formes éblouissantes, semblables à des tours, ainsi que la magnificence de ces masses, telles que, dans leur forme effroyable, grosses d'éclairs, de vents et de pluie, elles flottent dans l'air, chassant, en tourbillonnant, devant elles le moindre petit vent, ne souffrant aucun obstacle dans leur cours et lançant sur la terre de sinistres éclairs, jusqu'à ce qu'enfin leur fureur éclate en foudroyant quelque objet saillant et en ravageant les plaines par des torrents de pluie. Dans les régions tempérées, la durée d'un semblable ouragan n'est pas longue ; mais dans les contrées tropicales, il sévit parfois durant des semaines entières, et alors mal

La forme qui représente une « mitre » est également une variété du cumulo-stratus et peut être observée, en tout temps, à l'horizon ; mais l'autre formation, plus imposante, qui offre des scènes de montagnes, n'apparaît dans toute sa perfection qu'en été, quand les tempêtes sont fréquentes. Le cumulo-stratus prend parfois aussi l'aspect de grands animaux, quoiqu'il affecte plus particulièrement les formes gigantesques de la nature et de l'art.

186. « Les cumuli ne disparaissent pas toujours vers le soir, observe Kaemtz ; bien au contraire, ils deviennent parfois plus nombreux et moins brillants à leurs bords, prennent une teinte plus foncée et passent à la forme du cumulo-stratus, et cela plus particulièrement quand une couche de cirri se trouve en dessous. Dans ce cas, nous pouvons nous attendre à coup sûr à une pluie ou à une tempête, puisqu'alors l'air est entièrement saturé de vapeurs d'eau dans les régions supérieures et moyennes. Le vent du sud et les courants ascensionnels provoquent, dans ce cas, dans la température un changement qui a pour conséquence une condensation de la vapeur d'eau sous forme de pluie. Les cumuli qui, dans les belles journées d'été, se trouvent étagés à l'horizon présentent des fantaisies extrêmement vives et fournissent ample matière à toutes sortes de compositions... Il est parfois très-difficile de distinguer le cumulus du cumulo-stratus. »

187. Quand les cumuli, en passant à la forme du cumulo-stratus, représentent des parties de rocher,

une pluie est imminente, et c'est chose rare que le temps reste beau.

188. Cirro-cumulo-stratus ou **nimbus.** — On ne comprend pas très-bien comment un nuage, en se résolvant en pluie, puisse durer un espace de temps suffisant pour présenter une forme particulière de nuage; car, loin d'être une forme, la pluie est plutôt une cause déterminante de la formation d'un nuage qui, quand il a atteint sa dernière phase, tombe sur le sol sous forme de pluie. Chacune des trois formes de nuages composés peut donner lieu à un nuage pluvieux, sans qu'il soit nécessaire qu'il y en ait un autre qui intervienne. Parfois on voit le cirro-stratus descendre en gouttelettes de pluie sans qu'au préalable il ait fait mine de prendre la structure plus dense du nimbus; de légères pluies tombent même, sans qu'on puisse observer un nuage.

La forme du nimbus s'observe le plus fréquemment en été et en automne, et se reconnaît aisément à sa teinte grise et ses bords frangés, quoique ses formes se compliquent.

189. Scud. — Cette espèce de nuage est peu différente du cumulus et est plus souvent décrite comme un nimbus tronqué. Sa couleur est foncée ou claire, suivant qu'il est ou non éclairé par le soleil, et ses formes sont très-variables quand il est chassé par le vent; il se trouve ordinairement devant un cumulo-stratus de couleur sombre qui en forme le fond, et très-souvent

dans ce cas le nom de « messager ou courrier, » signes précurseurs de pluie.

190. Pour terminer ce chapitre si important pour le cultivateur, nous allons encore présenter quelques autres règles générales sur le temps empruntées aux nuages. Quand ceux-ci sont appendus à d'autres ou au sommet des montagnes, ils annoncent de la pluie. Quand ils ne font que paraître et disparaître, le temps deviendra beau. Si les bords des nuages sont ramifiés, ils indiquent l'état humide de l'air, et s'ils sont très-ramifiés, on peut tenir pour certain que le vent ne se fera pas attendre. Des bords nettement tranchés sont un signe que l'air est sec; quand ils sont fortement roulés ou repliés en dedans, on peut prévoir une décharge de fluide électrique dans l'air. Quand les cirrus, cumulus ou stratus paraissent seuls et dans leur région respective, ils ne sont en aucun point des indices immédiats de pluie ou de mauvais temps. Le cirrus paraît le premier, tant que l'air est encore sec, et comme il est situé bien haut, il ne devient visible que quand l'air est parfaitement transparent. Mais quand même on n'apercevrait point de ces cirri, cachés qu'ils étaient par les nuages situés plus bas, on ne devrait point en conclure qu'ils n'existent pas dans le ciel. Le cirrus indique que l'air est électrisé positivement, et on croit que sa mission principale consiste à servir de conducteur à l'électricité, d'où il suit que les cirri ne peuvent être aperçus quand l'air est chargé de nuages orageux. Sa forme pointue favorise le transport de l'électricité d'un nuage vers un autre, et il paraît que

c'est par leur intermédiaire que ce service est rendu possible entre les cumuli.

Quand deux ou plusieurs de ces nuages simples s'appuient les uns sur les autres aux limites de leurs régions respectives, ou qu'ils se trouvent autrement dans cette position, c'est un signe qu'il existe quelque trouble dans l'atmosphère sur une grande échelle, et on peut s'attendre que le mauvais temps durera, tant que cette atmosphère troublée n'a pas été emportée par l'un ou l'autre courant général que comporte la saison. Cet enlèvement total d'une atmosphère troublée, à l'aide de courants généraux, peut avoir donné lieu à cette opinion qu'on entend souvent tomber de la bouche des cultivateurs, à savoir que tous les indices de pluie sont trompeurs, aussi longtemps que le temps est beau ; et, à coup sûr, il dépend beaucoup du caractère général de la saison, si un léger trouble dans l'atmosphère, la formation de nuages et leur mélange avec d'autres, ont ou non la pluie pour conséquence. Le temps est le plus sain quand des vents d'ouest et des cumuli prédominent pendant le jour ; quand, vers le coucher du soleil, un stratus se résout en vapeur, tandis que des cumuli bien constitués se forment, dans l'après-dîner, tout en disparaissant de nouveau le soir ; ce qui alors est suivi d'une forte rosée, accompagnée d'un petit vent d'ouest qui s'évanouit vers le soir. Dans de telles circonstances, le baromètre est fixe et la hauteur de la colonne barométrique élevée. Avec un pareil

191. Hauteur des nuages. — Il existe différentes mesures de hauteurs des nuages. D'après les meilleures autorités, ils ne paraissent pas s'élever à plus de 21,500 pieds au-dessus du niveau de la mer, et parfois même ils n'atteignent qu'une hauteur de 1,500 pieds. On peut facilement se convaincre que les nuages flottent à différentes hauteurs, en gravissant de hautes montagnes ; il s'ensuit qu'à certaines époques, on les voit se mouvoir dans des directions opposées ; tantôt l'un d'eux se traîne à proximité du sol, tandis qu'on aperçoit à travers un nuage plus élevé complétement immobile. Parfois aussi des nuages cheminent visiblement, en différents sens, à des hauteurs considérables, tandis que ceux qui se trouvent le plus près de terre sont tout à fait en repos. D'autres fois on voit tous les nuages prendre une même direction, quoique avec une vitesse variable. Rien de plus naturel que l'hypothèse dans laquelle les nuages les plus légers, dont la vapeur d'eau possède la plus forte tension élastique, passent pour se trouver à une hauteur plus considérable que ceux dont l'élasticité est moindre. C'est par ce motif qu'on n'aperçoit aux sommets les plus élevés des Andes que de légers flocons de nuages. Quand le temps est couvert, il est rare que les nuages soient situés à plus d'un demi-mille, tandis que par un temps serein, ils se trouvent à deux ou quatre milles, et les cirri probablement à cinq ou six milles.

192. Grandeur des nuages. — Cette grandeur est souvent énorme, 10 milles dans tous les sens et 2 milles d'épaisseur, et contenant par conséquent 200 milles cubiques de vapeur d'eau ; il est probable qu'ils sont, parfois encore, dix fois plus grands. On peut facilement évaluer l'étendue des petits nuages par l'ombre qu'ils projettent sur la terre, lorsqu'en été le temps est serein et qu'il règne du vent. C'est le cas notamment pour les cumuli, quand ils sont chassés par un vent d'ouest ; quant à l'ombre des grands nuages, on peut la voir appendue aux chaînes de montagnes ou étendue à la superficie de l'Océan. A l'occasion des travaux exécutés dans les Pyrénées en 1826, les sieurs Peytier et Hossard se trouvaient dans d'excellentes conditions pour observer la hauteur et l'étendue des nuages. Au 29 septembre, ces deux observateurs étaient placés de telle sorte qu'ils pouvaient voir, dans le même moment, les deux faces opposées d'un même nuage ; son épaisseur était de 1,458 pieds, et le jour suivant elle avait atteint 2,786 pieds.

193. Brouillards. — Les brouillards apparaissent à toutes les époques de l'année et constamment dans les circonstances particulières expliquées par H. Davy. D'après la théorie de ce savant, c'est par le rayonnement de la chaleur du sol et de l'eau que les vapeurs d'eau montent dans l'air jusqu'à ce qu'elles viennent heurter contre une couche d'air froid, qui les condense alors sous forme de brouillards, et ces derniers, suivant naturellement les lois de la pesanteur, doivent descendre à la surface du sol. Lorsque ce rayonnement est faible, le brouillard paraît adhérer au

dessus de terre, quand l'intensité du rayonnement augmente. Un semblable brouillard se maintient plus longtemps au-dessus de l'eau qu'au-dessus du sol, puisque l'évaporation de l'humidité y a lieu plus lentement; sur terre ils sont le plus fréquents dans les bas-fonds dont l'air est plus froid, et vers lesquels ils descendent des hauteurs avoisinantes, s'y mélangent avec l'air et diminuent sa capacité hygrométrique.

194. Les brouillards se comportent encore différemment au point de vue de leur état électrique. Électrisés négativement, ils cèdent promptement leurs vapeurs d'eau, en se déposant sous forme d'une forte rosée imprégnée d'humidité à l'instar de la pluie; électrisés positivement, au contraire, ils restent plus longtemps à l'état de brouillard et retiennent les vapeurs d'eau sans être humides comme dans le premier cas. Des brouillards fins et nuageux apparaissent fréquemment dans les soirées d'hiver, après une journée sereine et froide, et parfois ils conservent leur électricité avec tant de ténacité qu'ils résistent à l'action de l'air, qui ne parvient pas à les dissiper. Les brouillards épais et forts ne sont pas rares à l'entrée de l'été et de l'automne, et dégagent beaucoup d'humidité.

195. Parfois il se forme un brouillard dans des circonstances telles qu'il paraît très-difficile, au premier abord, d'en donner une explication. Lorsque le ciel est chargé de nuages, par exemple, on observe fréquemment sur le versant des montagnes un brouillard qui ne s'étend pas bien loin, qui reste constamment à la même place et qui se dissipe promptement tout en re-

paraissant aussitôt. Un semblable brouillard se dépose constamment au-dessus des endroits qui se distinguent du sol environnant par une couverture d'une herbe longue, et on explique ce fait de la manière suivante : dans les sols couverts d'une forte végétation, le rayonnement de la chaleur est moins intense que dans les terres dénudées des environs, ce qui rend l'évaporation moins active.

196. Dans les pays dont le sol est humide et chaud, on voit des brouillards plus épais et plus fréquents désignés sous le nom de *brumes*. Il en est ainsi sur les côtes d'Angleterre, qui sont baignées par la mer sous une température passablement élevée. Ces sortes de brouillards se retrouvent plus constamment encore à la surface de la mer polaire de Terre-Neuve, où le courant qui vient du Midi et qu'on appelle *Golfstream* possède une température plus élevée que l'air ambiant.

197. Toutefois ces brouillards ne se forment pas toujours aux dépens des vapeurs d'eau qui s'élèvent du sol sur lequel ils se déposent. Les vents charrient des vapeurs d'eau dans les régions plus froides, où elles se transforment alors en brouillards, et cela à une distance considérable du lieu d'où elles proviennent. Les vents du sud-ouest poussent ordinairement une quantité de vapeurs d'eau vers l'Allemagne, tandis que, sous l'influence des vents du nord, les vapeurs d'eau se trouvent condensées sur le sol immédiatement après qu'elles en sont sorties.

le temps devient beau quand il prend la direction de la mer.

199. Les brouillards peuvent couvrir entièrement des corps éloignés ou les grossir à la vue ; c'est surtout dans les brouillards que l'ombre des objets avoisinants se dessine plus visiblement, et ils constituent un excellent conducteur du son, phénomènes qui s'expliquent facilement par les lois de l'optique et de l'acoustique.

200. **Pluie.** — Les causes et les effets de la pluie doivent fixer l'attention des cultivateurs et méritent, de leur part, une étude approfondie, car la vie des végétaux et des animaux ne dépend pas moins de l'humidité que du degré convenable de température, et leur développement est essentiellement modifié, suivant l'état sec ou humide de l'atmosphère.

201. **Eau de pluie.** — Quoique la quantité de pluie qui tombe dans un lieu donné ne fournisse pas une mesure exacte de la sécheresse ou de l'humidité du climat, puisque l'état de ce dernier est surtout déterminé par le retour plus ou moins périodique des averses, il est cependant du plus haut intérêt de connaître la quantité de pluie qui tombe dans l'un ou l'autre endroit. Pour la mesurer, on se sert du *pluvimètre*, qui, à la vérité, est encore un instrument bien imparfait. Le plus simple pluvimètre se compose, au dire de J. Adie, d'un entonnoir muni d'un pavillon cylindrique de 3 ou 4 pouces de haut et qui peut avoir 100 pouces carrés de superficie. Le tube et le pavillon sont de fer-blanc mince ou de cuivre. Dans le pavillon se trouve déposé

un grand flacon, et, après chaque pluie, on mesure la quantité d'eau tombée à l'aide d'une mesure de verre divisée en pouces et lignes. On établit un pareil pluvimètre dans une position libre, à une distance assez grande des bâtiments et des arbres et aussi près de terre que possible. On ne peut utiliser avantageusement cet instrument quand il tombe de la neige, puisque celle-ci est facilement chassée hors de l'entonnoir ou qu'il en tombe une quantité plus grande que le pluvimètre n'en peut contenir. Dans ce cas, on se sert de l'un ou l'autre vase cylindrique, qu'on plonge verticalement dans la neige et qui, lorsqu'on le retire, ramène un cylindre de neige égal à la hauteur de cette dernière sur le sol; en la laissant fondre ensuite, on obtient la quantité d'eau tombée. Le rapport de la neige à l'eau est d'environ $= 17 : 1$; celui de la grêle à l'eau $= 8 : 1$. Du reste, ces quantités sont loin d'être constantes, mais dépendent beaucoup des circonstances dans lesquelles tombent la neige et la grêle et du temps pendant lequel elles sont restées sur le sol.

202. Les prix de ces pluvimètres varient d'après leur construction. A Londres, on en construit pour 1 liv. 5 schel. 2 liv. 12 schel. et 4 liv. 4 schel.

203. **Udomètre.** — Flaugergues, professeur à l'école d'hydrographie de Toulon, a inventé, en 1841, un nouvel udomètre pouvant tourner sur son axe, qui ne mesure pas seulement la quantité de pluie, mais qui permet même de voir combien il en est tombé avec

haut et muni en bas d'un tube destiné à laisser écouler l'eau, dont l'axe se trouve dans le même plan que l'axe mobile et qu'une girouette placée dans l'entonnoir même, de telle sorte que toute l'eau qui s'y trouve accumulée s'écoule constamment dans une même direction, parallèle à celle du vent; 2° d'un réceptacle cylindrique, divisé par des cloisons verticales, en huit compartiments qui correspondent aux huit points principaux de la rose des vents. Quand on ajuste l'instrument, on doit avoir soin de régler exactement le réceptacle d'après la rose des vents et de l'attacher, par le bas, à chacune des divisions à l'aide d'un tube qui monte extérieurement dans un sens vertical, et qui laisse entrevoir la hauteur de l'eau dans les compartiments qui y correspondent.

204. La théorie du docteur Hutlons, d'après laquelle la pluie provient du mélange des grandes couches d'air qui possèdent des températures et des degrés d'humidité différents, est une des plus répandues et qui est adoptée par Dalton, Leslie et autres physiciens, depuis qu'elle a été expliquée et établie par une connaissance plus approfondie de la nature des condensations. Elle nous apprend que les vents qui soufflent dans la direction du sud jusqu'au sud-ouest charrient des vapeurs d'eau qui, transportées dans une température plus basse, par suite du courant ascensionnel qui existe dans l'air, se trouvent immédiatemeni condensées en pluie.

205. Quant à la corrélation qui existe entre la pluie et l'abaissement du baromètre, Meikle a démontré que

les changements qui surviennent dans la pression atmosphérique peuvent tout aussi bien être une cause qu'un effet de la pluie; car l'air, en se dilatant constamment quand sa pression diminue, produit du froid, amoindrit la force élastique de la vapeur d'eau qui s'y trouve contenue et donne lieu à une condensation.

206. Relativement à la distribution de la pluie qui tombe à la surface du sol, on a trouvé qu'il existe dans les régions tropicales principalement des pluies périodiques, c'est-à-dire qu'à de certaines époques de l'année, il tombe de grandes masses d'eau, tandis qu'à d'autres époques, il se passe des mois entiers sans pleuvoir. Il est même des contrées où il ne pleut jamais; tels sont, par exemple, les déserts de Sahara, l'Égypte, une partie de l'Arabie, la Perse, le désert de Gobi, le Thibet, le pays des Mongols en Asie, ainsi que les côtes occidentales du Pérou et le Mexique en Amérique.

207. Des deux côtés des tropiques, en s'avançant vers les pôles, se trouve la zone des pluies continuelles, ce qui toutefois ne veut pas dire qu'il y pleut continuellement, mais seulement qu'il peut tomber de la pluie chaque jour de l'année; dans cette zone, il existe une bande, peu éloignée de l'équateur et qui lui est parallèle, où il pleut très-fréquemment, on pourrait presque dire continuellement, et toujours avec accompagnement d'explosions électriques.

208. La quantité de pluie n'est pas la même dans

et dans la zone des pluies continuelles, on obtient les résultats suivants :

La quantité annuelle de pluie s'élève,

Sous les tropiques du nouveau monde à 115 pouces.

  » »   de l'ancien monde. . 76 »

Ce qui fait pour la moyenne des deux

  tropiques. . . . . 95 1/2 »

Dans la zone tempérée du nouveau

  monde (États-Unis) . . . . . . 37 »

Dans la zone tempérée de l'ancien

  monde (Europe). . . . . . 31 3/4 »

      Ce qui fait en moyenne 34 3/8 »

209. L'Europe elle-même peut être divisée, sous le rapport de la pluie, en trois parties : la première forme la région des pluies d'hiver et occupe une partie du midi de l'Europe ; la seconde constitue la région des pluies d'automne et comprend les territoires de l'ouest et ce qui reste de la partie méridionale ; la troisième enfin est représentée par la région des pluies d'été et embrasse tout l'intérieur du continent.

210. La distribution de la pluie à la surface de la terre suit certaines lois générales déterminées comme suit : la quantité de pluie diminue à mesure qu'on s'éloigne de l'équateur vers les pôles ; tandis qu'elle est sous les tropiques de 95 pouces, elle n'atteint plus même la moitié de ce chiffre en Italie, ou 45 pouces, en Angleterre seulement 30 pouces, dans le nord de l'Allemagne 32 1/2 et à Saint-Pétersbourg 17.

211. D'un autre côté, le nombre des jours pluvieux s'accroît de l'équateur vers les pôles, de telle sorte

qu'on compte le plus petit nombre de jours pluvieux là où la quantité de pluie tombée est la plus grande. D'après Cotte, on obtient les nombres suivants :

Du 12°-43° de latitude septentr. on compte 78 jours pluvieux.
» 43°-46°   »   »   »   103   »
» 46°-50°   »   »   »   134   »
» 50°-60°   »   »   »   161   »

212. En général, la quantité de pluie décroît quand on descend des lieux élevés, tandis que le contraire a lieu quand il se présente des chaînes de montagnes escarpées et âpres. Nous citerons, comme un exemple du premier cas, la péninsule ibérienne : tandis que sur les côtes de l'Espagne et du Portugal la quantité annuelle de pluie tombée s'élève à 25-35 pouces, elle n'est plus que de 10 pouces sur le plateau des hauteurs de la Castille, qui se trouve au milieu des montagnes. Les Alpes nous serviront comme un exemple du second cas : pendant que dans les contrées voisines du Rhin et dans le plat pays de la Bavière, la quantité moyenne de pluie n'atteint que 21 pouces, elle est à peu près du double, ou 43 pouces, à Berne et à Tégernsée, au pied des Alpes. Dans les districts montagneux de l'Angleterre, il tombe plus d'une fois autant de pluie que dans les parties moins élevées du même pays. Des indications météorologiques donnent 19,5 pouces pour la moyenne de la quantité annuelle de pluie tombée à Essex, tandis qu'elles ne la portent pas à moins de 67,5 pouces pour Keswick, dans le comté de Cumberland ; d'après une moyenne de cinq

mais dans les environs, sur une colline de 600 pieds au-dessus du niveau de la mer, cette quantité s'élève à 41,49.

213. La quantité de pluie décroît dans la direction des côtes vers l'intérieur du continent, ce qui s'établit, en moyenne, en comparant sous ce rapport les côtes de l'océan Atlantique avec les contrées de l'est de la Russie. Les côtes occidentales de la Grande-Bretagne, de la France et du Portugal ont une moyenne annuelle de 30 à 35 pouces pour la quantité d'eau qui y est tombée; à Bergen, en Norwége, elle est de 80 pouces et de 111 pouces à Coïmbre en Portugal, tandis que dans le centre et l'est de l'Europe, en Bavière, en Pologne et en Russie, cette moyenne descend à 15 pouces et qu'elle n'est plus que de 13 pouces pour Jekaterinbourg dans les monts Ourals et encore moindre dans la cœur de la Sibérie.

214. Dans les deux hémisphères, en dedans des zones tempérées, les côtes occidentales sont proportionnellement plus humides que les côtes orientales. On en trouve l'explication, pour notre hémisphère, dans la prédominance des vents d'ouest qui traversent l'océan Atlantique et se dirigent vers l'Europe saturés de vapeurs d'eau, tandis que les vents de l'est soufflent de l'intérieur du continent européen et de l'Asie, où la sécheresse de l'air augmente dans des proportions telles que le nombre des jours pluvieux, calculé d'après une moyenne de 7 années, n'est plus que de 205 pour Moscou, de 90 pour Kazan et seulement de 75 pour Irkoutzt; et on a observé que le rapport de la pluie,

apportée par le vent d'ouest, est à celui de la pluie apportée par le vent d'est, comme 5 : 1. Les causes qui règlent les quantités de pluie répandues sur l'Europe doivent donc être cherchées dans la prédominance des vents d'ouest et se trouvent déterminées par un océan immense d'une part et un vaste continent d'autre part. Alexandre de Humboldt explique le premier cas de la manière suivante : « Les vents qui dominent en Europe sont des vents d'est qui, pour les contrées de l'ouest et du centre, sont des vents de mer, des courants d'air qui ont été en contact avec des masses d'eau dont la température de la surface n'est jamais, même en janvier, entre le 45ᵉ et le 50ᵉ degré de latitude, au-dessous de 51° à 48° Fahrenheit. » (Voyez le *Physical atlas* de Johnston : *Meteorology*.)

215. Howard fait observer qu'il pleut en moyenne de deux jours l'un, et Flaugergues a trouvé, d'après une moyenne de 40 ans, que Viviers compte 98 jours pluvieux dans l'année.

216. Il prétend, en outre, que sur une quantité de pluie de 21,94 pouces, moyenne de 51 années lunaires, 8,67 pouces sont tombés pendant le jour et 13,27 pendant la nuit. Le docteur Dalton aussi prétend qu'il tombe plus de pluie quand le soleil est au-dessous que quand il est au-dessus de l'horizon.

217. Howard observe encore que l'Angleterre compte sur 5 années, une de grande sécheresse, et sur 10 années, une d'extrême humidité.

218. Outre que la quantité de pluie qui tombe sans

tains cas de pluies tellement abondantes dans un temps très-court, qu'on n'a eu que rarement l'occasion de les observer sur quelque autre point du globe. C'est ainsi qu'à Genève, par exemple, il est tombé, le 28 octobre 1832, en un seul jour, une quantité d'eau qui mesurait 30 pouces à l'udomètre, et qu'à Joyeuse, d'après Arago, elle s'est élevée, le 9 octobre 1827, dans l'espace de 22 heures, à 31 pouces. Par rapport à cette différence considérable qui existe dans la quantité d'eau tombée dans certains lieux, on dit des Andes qu'il y pleut constamment, tandis qu'Ulloa prétend qu'il ne pleut jamais au Pérou, mais que l'atmosphère s'y trouve épaissie, durant une partie de l'année, par des brumes qu'on désigne sous le nom de *garuas*. En Égypte il pleut à peine une fois, et rarement plus de deux à trois fois, pendant plusieurs années dans certaines parties de l'Arabie; mais les rosées y sont fortes et rafraîchissantes et apportent l'humidité nécessaire aux rares plantes qui croissent dans ces régions chaudes.

219. L'influence que les différentes *phases de la lune* exercent sur la quantité de pluie tombée mérite une attention particulière. Le professeur Forbes croit qu'il existe une véritable corrélation entre les phases de la lune et la température. Flaugergues, qui, à Viviers, a continué pendant un quart de siècle les observations météorologiques les plus minutieuses, donne des indications sur le nombre de jours pluvieux par rapport aux phases de la lune, et il en résulte qu'ils sont à leur maximum pendant le premier quart, et à leur minimum pendant le dernier.

220. C'est une chose presque habituelle que la pluie amène avec elle des *substances étrangères qui se trouvent en suspension dans l'air*. On sait que la poussière fécondante des fleurs est transportée à trente et quarante milles, et la cendre des volcans souvent à plus de deux cents, où la pluie les dépose alors dans l'un ou l'autre endroit. Il est à supposer que lorsque les particules des substances sèches sont devenues tellement petites que la vitesse avec laquelle elles tombent est réduite à zéro, il suffit du plus faible courant pour les tenir suspendues dans l'air.

Toutefois, quand l'air est parfaitement calme, une molécule d'eau de la grosseur de 1/600,000ᵉ de pouce qui, à coup sûr, peut être appelée invisible, tombe avec une vitesse d'un pouce par seconde, et cependant les molécules qui constituent le brouillard doivent être plus grandes encore, puisqu'elles ne pourraient autrement paraître sous forme de gouttelettes particulières, et la plus petite goutte d'eau, qu'on ne peut apercevoir à l'œil nu, tombe avec une vitesse d'un pied par seconde quand l'air est calme. Quoiqu'il soit probable que la résistance que ces petits corps, qui flottent dans l'atmosphère, rencontrent dans leur chute vers le sol, soit beaucoup plus considérable que ne le laisse supposer le calcul, il reste toujours extraordinaire qu'ils puissent y demeurer suspendus pendant un temps assez long, de telle sorte qu'on est aisément porté à mettre ce fait sur le compte de l'électricité. Leithead l'explique de la manière suivante : « Quand la terre est électrisée po-

trique, qui tend à reconstituer son équilibre, provoque entre les molécules d'air un mouvement dans le sens de la terre vers les régions supérieures de l'atmosphère; car, comme l'air est un mauvais conducteur, ce n'est qu'à l'aide d'un semblable mouvement que les molécules qui sont près du sol peuvent communiquer leur électricité aux molécules plus éloignées. Par là, en effet, la pression que l'air exerce vers le bas, par suite de son degré de densité, se trouverait diminuée; et, s'il en est ainsi, pourquoi les substances qui existent dans l'air ne subiraient-elles pas une modification au point de vue de la pesanteur, puisqu'elles sont enveloppées de toutes parts par l'atmosphère électrique? Mais si, en revanche, la terre est électrisée négativement et l'atmosphère positivement, le mouvement aura lieu en sens inverse et la pression vers le sol sera augmentée, ce qui produit le même effet que si l'air avait réellement acquis plus de densité; et ne devient-il pas plus propre, par là, à tenir en suspension des corps étrangers? »

221. De même que la pluie ramène, de l'air au sol, des substances végétales et animales, elle en ramène également des gaz.

Il en est ainsi pour l'azote et l'hydrogène, qui se trouvent dans l'air sous forme d'ammoniaque, ainsi que pour l'acide carbonique, et ces deux derniers éléments constituent à eux deux la véritable nourriture des plantes.

222. « L'azote des animaux et des végétaux, dit Liebig, est contenu dans l'atmosphère sous forme

d'ammoniaque, gaz qui forme avec l'acide carbonique un sel volatil, gaz qui est extrêmement soluble dans l'eau, et dont tous les composés volatils participent à cette grande solubilité. L'azote ne saurait se maintenir dans l'atmosphère à l'état d'ammoniaque, qui doit se condenser entièrement à chaque transformation de la vapeur d'eau en eau liquide, et qui doit disparaître de l'atmosphère, dans certains endroits, à chaque pluie qui tombe. L'eau de pluie doit contenir de l'ammoniaque dans tous les temps ; en été, où les jours pluvieux sont plus distants les uns des autres, la quantité doit en être plus forte qu'en hiver ou au printemps. La pluie qui tombe en premier lieu doit en être plus riche que celle qui vient après, et après une longue sécheresse, ce sont les pluies d'orage qui doivent apporter la plus grande quantité d'ammoniaque au sol. »

223. « Quant à la proportion de ce gaz qui se trouve ainsi amenée au sol par la pluie, on admet que 1,152 pieds cubes d'air, saturés de vapeurs d'eau à la température de 59° Fahrenh., donnent 1 livre d'eau de pluie, et si cette livre ne contenait que 1/4 grain (1) d'ammoniaque, il faudrait que la quantité qui en est apportée au sol par les 2,500,000 livres d'eau de pluie qui tombent en moyenne sur une surface de 2,000 mètres carrés fût d'environ 80 livres, qui contiennent 65 livres d'azote pur. Cette quantité dépasse de beaucoup celle qui, sous forme d'albumine végé-

tale ou de gluten, se trouve renfermée dans 2,650 livres de bois, ou 2,800 livres de foin, ou 20,000 livres de betteraves, produits d'un morgen (25 ares) de terre boisée, de pré et de terre arable ; mais elle est inférieure à celle de la paille, des racines et du grain qui croissent sur la même surface. »

224. « L'ammoniaque existe tout aussi bien dans l'eau qui provient de la fonte des neiges que dans celle de pluie. La proportion en est à son maximum quand la neige commence à tomber, et, chose remarquable, quand on la dégage de l'eau de pluie ou de neige au moyen de la chaux, elle est constamment accompagnée d'une forte odeur de sueur et de substances en putréfaction qui ne laisse pas de doute sur son origine. Une fois la présence de l'ammoniaque dans l'atmosphère mise hors de doute, nous savons qu'elle s'y renouvelle à chaque instant par la putréfaction et la décomposition des matières animales et végétales qui se produisent sans interruption ; une partie de l'ammoniaque qui a été entraînée par la pluie s'évapore de nouveau avec l'eau ; une autre partie est absorbée par les racines des plantes et, en formant de nouvelles combinaisons, produit, suivant les divers organes de l'assimilation et la coopération de certaines autres circonstances, de l'albumine, du gluten, de la caséine végétale et un plus grand nombre d'autres combinaisons azotées. La manière bien connue dont l'ammoniaque se comporte chimiquement dissipe toute espèce de doute relativement à sa propriété d'entrer dans un grand nombre de combinaisons et de se prêter aux métamorphoses les

plus variées. » (Voyez Liebig, *Chimie dans ses rapports avec l'agriculture et la physiologie*, 5ᵉ édition, page 54-58.)

225. Voici encore quelques signes généraux qui annoncent la pluie : quand les bêtes à cornes reniflent en l'air et se blottissent dans quelque coin du champ ou qu'elles cherchent un abri sous les hangars; — quand les moutons ne s'éloignent qu'avec résistance des pâturages; — quand les chèvres cherchent à s'abriter; — quand les ânes braient et secouent les oreilles; — quand les chiens restent constamment près du foyer et ont une grande propension à dormir; — quand les chats tournent le derrière au feu et se nettoient la face; — quand les porcs se roulent dans la litière plus que d'ordinaire; — quand le chant du coq se fait entendre à des heures inaccoutumées et que ces animaux battent fortement des ailes; — quand les canards et les oies sont plus bruyants que d'habitude; — quand les pigeons se baignent; — quand les paons se tiennent presque droit et poussent de grands cris; — quand le coq d'Inde fait un vacarme à n'en pas finir; — quand les moineaux se font vivement entendre et se réunissent sur le sol ou dans une haie en criant; — quand les hirondelles volent très-bas et plongent la pointe des ailes dans l'eau, par la raison que les mouches dont elles se nourrissent se tiennent près de terre; — quand la corneille noire croasse parce qu'elle est seule; — quand les poules d'eau se plongent et se débarbouillent outre mesure; — quand la taupe travaille beaucoup;

quand les grenouilles coassent; — quand les chauves-souris poussent de grands cris et s'introduisent dans les maisons; — quand les oiseaux chanteurs cherchent un abri; — quand le rouge-gorge vient dans le voisinage des habitations; — quand les cygnes domestiques se mettent à voler contre le vent; — quand les abeilles quittent prudemment leur ruche et ne s'écartent pas bien loin; — quand les fourmis sont extrêmement occupées de leurs œufs; — quand les mouches piquent vivement et deviennent tumultueuses par bandes; — quand les vers sortent de terre et rampent à sa surface; — quand les grandes espèces de limaces se montrent.

226. Vent. — Les variations qui surviennent dans la force et la direction du vent doivent être comptées au nombre des meilleurs pronostics et, à ce titre, méritent d'être connues du cultivateur. Dans la zone tempérée et principalement en Angleterre, pays entouré de toutes parts d'un océan immense et qui, d'autre part, ne se trouve pas bien éloigné d'un vaste continent, le vent souffle visiblement d'une manière si capricieuse qu'il déroute toute espèce d'observation exacte à laquelle on voudrait le soumettre; tandis que les vents périodiques, qui règnent dans les contrées tropicales, correspondent fidèlement à la durée uniforme des périodes de l'année et les oscillations, tout à fait insignifiantes du reste, du baromètre, phénomènes qui, comme on sait, caractérisent ces pays du globe.

227. La variabilité de ces phénomènes, dans l'une et l'autre de ces deux zones, s'explique. Dans les contrées tropicales, l'influence directe des rayons solaires

provoque, sur une surface aussi considérable que l'est l'étendue de l'écliptique près du 23° 18', des deux côtés de l'équateur, un courant d'air qu'elle dirige en dedans de certaines limites parfaitement déterminées, aussi loin que l'air se trouve fortement raréfié, ce qui a lieu pendant que la terre dans son mouvement diurne présente cette partie de sa surface à ces influences. L'action qu'elles exercent est permanente, et comme la surface sur laquelle elle se produit est passablement uniforme, il faut que le courant qui en provient et qui raréfie l'air d'une manière régulière et constante, soit de même régulier et constant. D'un autre côté, dans les zones tempérées, les rayons solaires, au lieu de tomber à plomb, tombent obliquement et sont comparativement plus faibles; les courants d'air sont, en outre, sujets à des influences secondaires qui, à des époques différentes, s'exercent avec une intensité variable et qui ne peuvent manquer d'amener des irrégularités dans leur trajet. Il est encore probable que, sous cette zone, l'action électrique soit beaucoup plus puissante dans l'atmosphère que sous la zone torride, puisque l'influence solaire y est moindre, et comme l'action électrique éprouve plus de changements que l'action solaire, il faut de même que, dans l'atmosphère, les courants soient plus variables et moins uniformes.

228. Ce qui vient d'être dit devient plus clair encore, quand nous fixons notre attention sur l'origine des vents réguliers dans la zone torride. Sous les tropiques,

quoi, dit Mudie, cet air raréfié monte dans les régions élevées de l'atmosphère et est constamment remplacé par un air plus froid et plus dense, à l'aide de deux courants qui viennent du nord et du sud. C'est ainsi qu'il se produit continuellement un mouvement ascensionnel dans l'atmosphère, à partir du point où la chaleur du soleil est la plus intense, et ce point tourne autour du sphéroïde terrestre dans l'espace de vingt-quatre heures, dans la direction de l'ouest, avec une vitesse de 900 à 1,000 milles à l'heure, en décrivant dans son mouvement une ligne de ceinture qui naturellement n'est pas tout à fait exacte, mais qui s'étend des deux côtés de la zone. De cette manière donc s'opère, de la surface du sol et parfaitement en dedans de cette zone, le déplacement général de l'atmosphère, et il n'existe en dedans de ces limites que peu ou point de vent ou autre courant d'air dans quelque autre direction, à moins toutefois que des obstacles, tels que des terres fermes, des îles ou des montagnes n'y apportent quelque trouble. Mais en dehors de cette ligne de ceinture non exactement déterminée, on aperçoit à la surface du sol un déplacement dans l'atmosphère, tant dans la direction du nord que dans celle du sud, et ce déplacement s'étend d'autant plus avant sur les deux hémisphères que le soleil s'y incline davantage. Or donc, puisque l'atmosphère, quand des courants n'y mettent pas obstacle à la surface du sol, est sollicitée dans la direction de l'est avec la même vitesse que la surface terrestre même, c'est-à-dire proportionnellement au cosinus des latitudes ou constamment avec moins de 1,000 milles, à mesure qu'on s'éloigne de l'équateur, il faut que le courant réel qui se dirige dans le sens de l'est, au-dessus de la surface du sol, soit le contre-courant du mouvement apparent vers l'ouest, tel qu'il est indiqué, par la marche du soleil, dans les zones les plus chaudes. Ces mouvements sont exactement les mêmes sous les mêmes parallèles, mais ils s'affaiblissent à chaque degré de latitude vers le nord dans l'espace d'une lieue ou dans tout autre temps donné. Si donc les courants d'air du nord et du sud qui viennent des latitudes élevées, abstraction faite du temps qu'ils mettent à parcourir leur trajet, possèdent un mouvement réel vers l'est ou un mouvement apparent vers l'ouest, inférieur à celui des zones tropicales où ils arrivent, il s'ensuit qu'ils seront détournés dans les deux hémisphères vers l'ouest et qu'ils engendreront un vent de SE. à la partie méridionale du parallèle le plus chaud et un vent de NE. à sa partie septentrionale. Telle est l'origine des *vents alizés*, qui deviendraient également sensibles tout autour de la sphère terrestre, si la surface en était uniforme. Mais de même que les autres phénomènes du globe, ce vent se trouve tellement modifié par des causes qui existent à la surface du sol, que son action vraie diffère considérablement de celle qui nous est indiquée par la théorie. Mais, dans tous les cas, c'est là la grande cause qui engendre les courants d'air, et, en dépit de toutes les modifications, elle exerce une puissante in-

229. L'influence exercée par la zone torride sur les courants de l'atmosphère devient plus manifeste encore si nous en poursuivons le cours dans les latitudes plus élevées. Le courant d'air qui se dirige, à la surface du sol, du nord et du sud vers l'équateur doit nécessairement avoir un contre-courant dans les régions élevées de l'atmosphère, et il l'engendre effectivement. L'air, qui est constamment attiré vers les parallèles les plus chauds, ne peut pas s'accumuler au-dessus de l'équateur, puisque dans son mouvement ascensionnel il arrive dans une région plus froide, où il se condense. Il se répand immédiatement dans les couches élevées de l'atmosphère, de part et d'autre de l'équateur, vers les régions polaires, pour remplacer, en définitive, la partie d'air qui s'est avancée vers les tropiques, et de cette manière il se produit vers la zone des tropiques, dans l'un et l'autre hémisphère, un mouvement général qui se fait sentir près de la surface du sol, et un contre-courant qui part de l'équateur et qui souffle dans les régions élevées.

Ce contre-courant est l'inverse de celui qui vient des pôles, et par conséquent la différence de vitesse, sous les divers parallèles, doit avoir sur lui une action opposée. Tel qu'il s'avance vers les parallèles élevés, il est animé d'un mouvement dans le sens de l'est plus grand que celui que la surface terrestre possède en cet endroit, et il est par conséquent détourné en un vent de SO. dans l'hémisphère boréal et en un vent de NO. dans l'hémisphère austral. Ce courant dans l'atmosphère passe inaperçu à la surface du sol sous les parallèles voisins de l'équateur, puisque les courants qui viennent du nord et du sud y dominent toute la superficie du globe et tout l'air jusqu'à une hauteur considérable. Mais quand on s'avance vers les parallèles moyens, on voit descendre le vent du SO., du moins dans les pays situés à l'est de l'océan Atlantique, si bas qu'il devient sensible pendant une grande partie de l'année, non-seulement sur les montagnes, mais encore sur les versants escarpés, où il fait sentir ses effets et ceux de la pluie qu'il amène fréquemment avec lui, au point que la surface en paraît complétement dénudée, car on ne doit pas perdre de vue que, quoique pour beaucoup de contrées le vent d'est, qui souffle à la surface du sol, soit celui qui précède et amène le temps pluvieux, le vent du SO. est le plus chaud, et, comme tel, emporte avec lui une grande quantité de vapeur d'eau, de sorte que c'est là le vent qui, en venant heurter contre le vent de l'est, donne lieu à la pluie. (Voyez *Mudie Nordl.*, page 101-104.)

230. Une autre cause influe encore sur le courant d'air engendré pendant le jour, par les rayons solaires, sous les tropiques.

L'action remarquable que les attractions combinées du soleil et de la lune exercent sur les eaux de l'Océan donne à penser qu'il en doit être de même dans la mer si mobile de l'atmosphère, et qu'elles doivent également ment y occasionner une espèce de flux et reflux. Si nous considérons, en outre, la force élastique de l'air, la tendance qu'elle possède à se dilater lorsque aucune

sion que le flux et le reflux de l'air doivent être très-puissants. Comme le mouvement journalier apparent du soleil et de la lune s'exécute de l'est à l'ouest, il faut que le flux et le reflux prennent également cette direction et occasionnent, par conséquent, un mouvement continu dans l'atmosphère de l'est à l'ouest. D'Alembert est le premier qui a émis cette opinion.

231. Les variations dans la position du soleil sous l'écliptique exercent également une influence sur les courants d'air des tropiques, et les vents qui en proviennent sont aussi d'une nature régulière et connus sous le nom de *moussons,* mot dérivé du malais et qui signifie époque de l'année.

La mousson du SO. souffle, à partir d'avril, jusqu'en octobre, et est produite quand l'air, au-dessus de la surface du sol, est dilaté, à l'époque où le soleil s'avance au nord vers le tropique du Cancer, tandis qu'il se trouve remplacé par l'air de l'océan Indien. La mousson du NE. souffle du mois d'octobre à celui d'avril, et est engendrée quand l'air froid se dirige, au-dessus de l'océan Indien, vers la Nouvelle-Hollande, pendant tout le temps que le soleil se meut au sud vers le tropique du Capricorne. A l'époque où commencent les moussons, c'est-à-dire vers le temps des équinoxes, quand le soleil se trouve parallèlement à l'équateur, il règne constamment de violentes tempêtes, absolument de la même manière que lorsqu'un système de phénomènes atmosphériques qui aurait duré pendant six mois consécutifs subirait des changements importants, et même en sens tout à fait opposé. Indépendamment de ces moussons régulière, il en existe plusieurs autres tout à fait différentes le long des côtes méridionales des contrées qui se trouvent baignées par l'océan Indien, en dedans des limites des tropiques.

232. Une forme de vent tout à fait régulière est celle qui est connue dans les contrées tropicales sous le nom de *brise de mer et de terre*. Dans les pays voisins de la mer, le vent souffle, entre les tropiques, alternativement un certain nombre d'heures par jour de la mer vers la terre, et *vice versâ*. La brise de mer commence d'ordinaire vers dix heures du matin et dure jusqu'à six heures de l'après-midi, époque à laquelle elle diminue peu à peu. Vers sept heures du soir commence alors la brise de terre, qui persiste jusqu'à huit heures du matin et qui alors va également en s'affaiblissant.

Pour ces vents on admet l'explication suivante : pendant le jour, l'air frais et saturé d'humidité qui vient de la mer se dirige vers la terre et y remplace l'air dilaté par la chaleur ; quand le soleil est descendu sous l'horizon, la densité de l'air augmente, l'équilibre se rétablit et donne lieu à un temps d'arrêt dans les vents. Toutefois, la mer ne s'échauffe pas aussi fort durant le jour que la terre, et se refroidit bien moins pendant la nuit, puisqu'elle présente toujours une nouvelle surface à l'air. A l'approche de la nuit, l'air plus dense et plus frais descend des hauteurs dans les plaines (car là où

brise de mer ou de terre), exerce une pression sur l'air proportionnellement plus léger qui provient de la mer et qui se répand doucement sur la terre et la force à se diriger de nouveau vers la mer, ce qui produit la brise de terre.

233. Quand on se rend des tropiques dans les zones tempérées, on rencontre constamment des vents très-*irréguliers*, qui impriment à chaque climat son véritable caractère; car, quoique plus particulièrement sensibles dans les régions tempérées, ils n'existent pas moins dans les contrées tropicales, comme on peut s'en convaincre aux côtes et dans toutes les îles un peu considérables disséminées dans l'océan Indien. Ceux-ci doivent donc leur existence également à des causes qui agissent très-uniformément, quoique les vents eux-mêmes paraissent privés de toute espèce de régularité. Il est certain qu'il existe entre eux une corrélation très-intime, et qu'ils se succèdent dans un ordre déterminé, quoique nous ne soyons pas encore parvenus à découvrir cette liaison et cet ordre. Une fois que nous en serons là, il nous sera possible de calculer la direction et la vitesse de ces vents avec la même précision dont les vents réguliers sont déjà susceptibles dès à présent; ce qui nous amène à parler des vents irréguliers de l'Europe.

234. Nous avons déjà dit que les météorologues divisent l'Europe en trois parties, sous le rapport de la pluie. On croit que certains vents sont la cause de ces périodes de pluie, et il n'est pas sans intérêt d'étudier plus attentivement la manière d'être de ces vents, que

des observations, continuées pendant plusieurs années, ont démontré être très-régulière. Kaemtz a répandu beaucoup de clarté sur cette question. Il dit à l'occasion des vents pluvieux de l'Europe : En rassemblant toutes les notices sur les divers climats de l'Europe, nous nous vîmes forcés d'établir trois régions hydrographiques; à la première appartiennent l'Angleterre et la France, et elle s'étend même dans l'intérieur du continent, mais dans une direction qui se modifie quelque peu; la deuxième embrasse la Suède et la Finlande, et la troisième est formée par les côtes de la Méditerranée. Les limites de ces régions ne peuvent pas être déterminées avec une grande exactitude; nos connaissances laissent encore à désirer sous ce rapport, excepté là où elles sont formées par de grandes chaînes de montagnes. Partout on peut observer des transitions graduées. Ces trois groupes sont essentiellement distincts les uns des autres relativement à la direction d'où les vents pluvieux soufflent sur chacune de ces régions et relativement à la quantité moyenne de pluie qui tombe dans l'année. Examinons la partie de l'Europe qui s'étend au nord des Alpes et des Pyrénées. Les vents prédominants de l'ouest, un vaste océan, d'un côté, et un immense continent, de l'autre, y agissent comme causes déterminantes sur la distribution de la pluie. Si le vent du nord-est y régnait continuellement, et même quand il souffle à une hauteur considérable, il ne pleuvrait jamais dans ces régions; car avant d'arriver sous ces deux latitudes, il traverse

peur d'eau de se condenser. Si, au contraire, le vent du sud-ouest soufflait sans interruption, il tomberait constamment de la pluie; car dès que l'air humide se refroidit, la vapeur d'eau se condense. Quoique ces quelques vents alternent les uns avec les autres, ils conservent néanmoins leur caractère propre. Si nous considérons avec L. de Buch, combien de fois chacun de ces vents amène de la pluie, ces résultats s'expliqueront. Sur cent averses tombées à Berlin, les divers vents ont soufflé dans la proportion suivante :

N.	NE.	E.	SE.	S.	SO.	O.	NO.
4,1	4,0	4,9	4,9	10,2	32,8	24,8	14,4.

Il suit de là qu'il est à peine tombé un peu de pluie avec le vent du NE., tandis que celui de l'E. et du SE. en a au moins fourni la moitié. Ces vents toutefois ne soufflent pas de la même manière souvent pendant la durée d'une année. On doit donc commencer par établir combien de fois chacun de ces vents a régné, à l'aide du nombre y correspondant dans le tableau cité plus haut, et alors on obtiendra les nombres suivants :

N.	NE.	E.	SE.	S.	SO.	O.	N.O.
5,8	8,1	8,8	6,9	3,8	2,8	4,2	4,5.

La loi reste constamment la même; avec 9 vents d'E. il ne pleut qu'une seule fois, tandis qu'avec le vent du SO., il pleut de trois fois l'une. L'époque de l'année y exerce également son influence. Tandis qu'il pleut fréquemment en hiver sous l'influence des vents de l'est ou de l'ouest, ces mêmes vents amènent constamment la sécheresse en été. Ce fait concorde parfaitement avec ce que nous avons dit de l'humidité relative des différents vents ; car avec un vent d'est l'air est très-sec en été et très-humide en hiver. Les pluies elles-mêmes sont très-différentes, suivant qu'elles sont apportées par un vent de NE., ou de SO. La plupart du temps, le vent du NE. commence tout d'un coup ; la température s'abaisse et d'énormes gouttes de pluie tombent alors pendant quelques secondes ; mais le temps ne tarde pas à se remettre. Avec un vent de SO., la pluie est fine et dure longtemps. Les causes générales qu'on assigne à la pluie sont les vapeurs d'eau qu'apporte le vent du SO. et qui se condensent par suite d'un refroidissement dans l'air. D'un autre côté, dans les latitudes élevées, le vent du NE. refroidit subitement de grandes masses d'air, qui alors ne peuvent plus tenir en suspension les vapeurs d'eau dans leur état de dilatation. Comme ces vents se suivent avec une certaine régularité, on voit également les changements de temps se succéder dans le même ordre, et nous allons tout d'abord donner quelques éclaircissements à cet égard.

235. « Quand le temps est resté beau pendant longtemps et qu'un vent de SO. commence à souffler dans les régions élevées de l'air, on voit apparaître des cirri qui enveloppent bientôt tout le ciel. Au-dessous d'eux se forme une couche de cumuli qui laisse bientôt tomber une pluie douce ; le vent tourne à l'ouest, les nuages s'épaississent, la pluie devient de plus en plus

du NO., la pluie continue à tomber, quoique le thermomètre descende. En hiver, cette pluie fournit de la neige. Changé en un vent du N., il cesse la plupart du temps entièrement, ou, dans tous les cas, il ne souffle plus d'une manière continue ; les nuages se dissipent et laissent percer l'azur des cieux. La pluie et le soleil alternent notamment avec un vent du NE. ; mais si le vent tourne à l'est ou au sud, le ciel se couvre de petits cumuli de forme arrondie, ou bien il s'éclaircit complétement dans un bref délai. Telle est presque constamment la marche régulière du temps à la superficie de grandes étendues de terre ; des chaînes de montagnes peuvent seules modifier quelque peu la régularité qu'on observe dans la succession de ces phénomènes. Quand elles s'étendent notamment du nord au sud, elles arrêtent le vent du SO. et il tombera plus de pluie sur le versant occidental que sur celui qui se trouve du côté opposé. C'est ainsi que le vent du SO. ne constitue pas le vent pluvieux dans le midi de l'Allemagne, mais bien celui du NO., puisque les vents du SO. ont perdu leur vapeur d'eau avant d'arriver de l'autre côté des Alpes. Les mêmes phénomènes se reproduisent dans la péninsule scandinave. Dans le côté occidental de la Suède, il pleut des journées entières avec un vent du SO., tandis que le sommet des Alpes scandinaves paraît couvert de frimas ; sur le côté opposé de la chaîne de montagnes, en Suède, c'est à peine si quelques gouttes de pluie troublent la sérénité du ciel. Les vents de mer perdent leur humidité sur leur passage à travers les plateaux étendus situés entre ces deux pays; de telle sorte qu'il pleut plus souvent en Suède avec un vent d'est qu'avec celui d'ouest. La preuve que les vapeurs d'eau qui s'élèvent de la mer Baltique y sont complétement étrangères, se trouve dans l'identité des phénomènes qu'on observe en Finlande. Là où la région des vents pluvieux de l'est se trouve constamment en contact avec la région des vents pluvieux d'ouest, il pleut indifféremment avec toute espèce de vent, comme on l'a observé à Saint-Pétersbourg; mais nous manquons encore d'observations suffisantes pour établir ces lois jusque dans leurs particularités.

236. « L'océan Atlantique constitue le réservoir principal de la pluie pour les régions de l'Europe, qui jusqu'à présent ont fait l'objet de nos observations; mais l'influence qu'il exerce sur le climat des contrées situées au nord de la Méditerranée est peu considérable. » (Kaemtz *Complete course of Meteorologie,* page 137-139.)

237. Le tableau suivant indique le rapport dans lequel les vents de l'est et de l'ouest ont régné dans la Grande-Bretagne :

DURÉE des observations. — ANNÉES.	LIEUX.	VENTS.	
		OUEST.	EST.
10	Londres	233,0	132,0
7	Lancastre	216,0	149,0
51	Liverpool.	190,0	175,0
9	Dumfries.	272,5	137,5
10	Branxholm, près Hawick .	232,0	133,0
7	Cambuslang.	214,0	151,0
8	Hawkhill, près Édimbourg .	229,5	135,5
	EN MOYENNE . . .	220,3	144,7

238. A Londres, on a trouvé pour la moyenne de dix années d'observations :

Avec un vent du SO.	. . . . .	112 jours pluvieux.	
»	» NE.	58	» »
»	» NO.	50	» »
»	» O.	53	» »
»	» SE.	32	» »
»	» E.	26	» »
»	» S.	18	» »
»	» N.	16	» »

239. Les registres où des observations sur les vents étaient consignées par l'amiral David Milne, à Inv0resk, près d'Édimbourg, pendant les années 1840 et 1841, et ceux du sieur Atkinson, à Harraby, près

Carlisle, en l'année 1840, ont donné les résultats suivants :

		Inverest.		Harraby.
		1840.	1841.	1848.
Avec un vent du	N.	. 86	77 .	12 1/4 jours pluvieux.
»	» NNE.	. 20	12 .	14 1/2 »
»	» NE.	. 41	49 .	14 1/2 »
»	» ENE.	. 15	14 .	20 1/2 »
»	» E.	. 28	38 .	20 3/4 »
»	» ESE.	. 13	7 .	7 »
»	» SE.	. 32	29 .	20 1/2 »
»	» SSE.	. 19	20 .	22 1/2 »
»	» S.	. 39	79 .	19 1/2 »
»	» SSO.	. 38	62 .	24 3/4 »
»	» SO.	. 127	113 .	39 1/4 »
»	» OSO.	. 38	45 .	70 1/4 »
»	» O.	. 138	105 .	42 »
»	» ONO.	. 33	29 .	16 »
»	» NO.	. 45	37 .	11 1/2 »
»	» NNO.	. 13	13 .	10 3/4 »

240. Le cours des vents dans un lieu donné est surtout déterminé par sa configuration, à tel point que sa direction générale concorde avec la ligne que forment les élévations et les abaissements de la surface. C'est très-probablement par suite de causes analogues qu'il ne règne généralement en Égypte que des vents du N. et du S. ; le premier y souffle pendant neuf mois de l'année. Là où le climat est passablement régulier, comme dans le midi de l'Europe, c'est de la direction du vent que provient la différence qu'on observe dans son caractère. Voici un exemple remarquable de l'influence

vent du N. de Manchester est NE. à Liverpool; s'il règne à Manchester un vent de NE., il en règne à Liverpool un d'E., et quand il est E. à Manchester, il est SE. à Liverpool. Le vent du SO. est naturellement le même pour les deux villes, puisque les montagnes qu'on rencontre au nord et à l'est n'existent point au midi.

241. Les observations qui portent sur *la force et la vitesse des vents* sont de même très-instructives. Rouse les a rendues par le calcul d'une façon extrêmement ingénieuse et a réduit en tableaux les résultats de ses recherches. Ces tableaux ont été considérablement améliorés et augmentés par le docteur Young; en comparant entre elles les recherches de Rouse et celles du docteur Lind, il a construit le tableau ci-après. Il me reste quelque doute sur l'exactitude de certaines données particulières de ces tableaux, dit Stephens, puisqu'elles ne concordent point avec mes propres observations. Je n'oserais dire ce qu'il faut penser de la précision des grandes vitesses, puisque nous ne possédons pas d'autres moyens ordinaires pour en juger que l'ombre que projettent les nuages. Mais on peut facilement connaître si les petites vitesses sont exactes. Un vent qui parcourt une lieue en deux milles, est à peine *sensible* et avec une vitesse de 3 à 4 milles, on l'appelle vent léger. Prenons ceci pour point de départ. En admettant qu'un homme se promène avec une vitesse qui lui permet de faire 3 milles à l'heure, je demande si, bien entendu quand l'air est parfaitement calme, il sentira quelque chose comme un vent

léger dans la figure? Je ne le pense pas. Si donc un vent est animé d'une vitesse de 3 milles à l'heure, il sera tout aussi peu sensible. Pour sentir l'effet du vent, on peut bien admettre que l'air doit se mouvoir avec une vitesse qui dépasse 3 à 4 lieues, de même que les anémomètres l'indiquent alors; car la peau de l'homme est bien plus sensible que n'importe quel instrument. Richard Phillips fait à cet égard les excellentes observations qui suivent: « Quand le vent souffle avec une vitesse de 100 milles à l'heure, c'est-à-dire de 528,000 pieds, l'eau qui est 833 fois plus dense que l'air serait animée d'une vitesse de 660 pieds ou de 1/8 mille à l'heure, ce qui est absurde. Il faut qu'il y ait ici une erreur. Un ouragan des Indes orientales a déjà démonté de lourds canons d'une batterie, tandis que l'eau qui est animée d'une vitesse de 5 milles à l'heure pourrait à peine faire plier un bâton. Des ballons aérostatiques ont déjà parcouru 60 milles en une seconde, tandis que l'anémomètre n'indiquait que huit milles. » D'après les observations que j'ai faites sur l'ombre des nuages, j'ai acquis la conviction que le vent est en état de faire des centaines de milles par heure, d'après les circonstances; et le vent le plus violent de nos contrées ne possède qu'une vitesse insignifiante, en comparaison de ceux qui règnent entre les tropiques. Le tintamarre que faisait l'ouragan qui a sévi à Pondichéry, le 29 octobre 1768, fut si fort que les coups de détresse que tiraient les vaisseaux

FORCE de pression exercée par les vents sur une surface d'un pied carré.			VITESSE du vent calculée d'après les expériences de Rouse.		DÉSIGNATION DU CARACTÈRE DES VENTS.
Livres.	Onces.	Drachmes.	Pieds par seconde.	Milles par seconde.	
0	0	1,2	1,45	1	A peine appréciable. Rouse.
0	0	5,1	2,95	2	Sensible tout juste. Rouse.
0	0	11,2	4.40	5	
0	1	4.2	5,87	4	Vents légers. Lind.
0	1	15,4	7,55	5	
0	2	1,2	10.67	5,14	Un vent léger. Lind.
0	4	2,5	14,67	7,27	Vent agréable. Lind.
0	7	15,9	15.19	10	Agréable et frais. Rouse.
0	8	5.5	22,0	10,55	Brise fraîche. Lind.
1	1	11.5	29,54	15	Fraîcheur perçante. Lind.
1	15	7,8	55,74	20	Très-perçante. Rouse.
2	9	10.6	56.67	25	
5	1	5.2	44.01	25	
4	6	15,8	47,75	50	Vent fort. Rouse.
5	3	5.2	51,54	52,54	Vent fort. Lind.
6	0	6,9	58.68	55	
7	13	10,6	66,01	40	Très-fort. Rouse.
9	15	6.5	67,5	45	Violente tempête. Derham.
10	6	10,4	75.55	46.02	Très-violent. Lind.
12	4	12,8	82,67	50	Tempête. Lind.
15	10	0.0	88.02	56.57	Tempête. Lind.
17	11	7.0	95.46	60	Violente tempête. Rouse.
20	15	5.2	96,82	65.08	Violente tempête. Lind.
21	6	15,5	106,72	66	Violente tempête. La Condamine.
25	0	10.4	117.55	72.76	Tempête extrêmement violente. Lind.

FORCE de pression exercée par les vents sur une surface d'un pied carré.			VITESSE du vent calculée d'après les expériences de Rouse.		DÉSIGNATION DU CARACTÈRE DES VENTS.
Livres.	Onces.	Drachmes.	Pieds par seconde.	Milles par seconde.	
51	7	15,4	116,91	80	Ouragan. Rouse.
51	4	0,0	126,45	79.7	Ouragan. Lind.
56	8	12,2	155,0	86,21	Grand ouragan. Lind.
41	10	10.7	145,11	92.04	Très-fort ouragan. Lind.
46	14	0,0	146,7	97.57	Ouragan extrèmement violent.
49	5	5,2	150.95	100	Ouragan qui arrache des arbres.
52	1	5,2	158.29	102,9	
57	4	11,0	160,0	107.92	
58	7	5.2	165,54	109	
62	8	0,0		112,75	

242. L'origine et la direction des *tempétes*, longtemps négligées, ont enfin fixé l'attention des naturalistes. Capper, officier aux Indes orientales, a déjà émis, en 1801, dans son ouvrage sur les vents et les moussons, l'opinion que les ouragans pouvaient être de violents *tourbillons*. W. L. Redfield, de New-York, s'est approprié cette idée et en a démontré la justesse dans un mémoire sur les tempêtes qui dominent sur la côte atlantique de l'Amérique septentrionale. L'officier Reid, du corps du génie anglais, a, dans une nouvelle dissertation, traité la question scientifiquement. Son

après l'effroyable ouragan de 1831, qui, dans l'espace de sept heures, avait détruit, dans cette île seule, 1,477 maisons, cette catastrophe lui fournit le moyen d'étudier la nature des ouragans. Après bien des recherches et après avoir tourné la question sous toutes ses faces, il acquit la conviction que les ouragans prenaient régulièrement leur cours vers le pôle nord, en s'avançant constamment dans la même direction, c'est-à-dire en sens inverse de l'aiguille d'une horloge, ou bien de l'est par le nord, l'ouest, le sud, pour revenir à l'est. Il lui importait surtout d'acquérir la certitude que ce mouvement n'avait pas lieu en sens inverse dans l'hémisphère méridional. L'effroyable tempête qui éclata sur l'océan Indien en 1809, et qui fit périr neuf vaisseaux, lui donna toute assurance à cet égard. Il trouva que les tempêtes, telles qu'elles se présentent d'ordinaire, faisaient l'effet de puissants tourbillons qui tournent à rebrousse-poil dans un cercle dont le centre décrit dans son mouvement une courbe qui, dans la plupart des cas, se rapproche de la parabole, et que le tournant s'élargit à mesure qu'il s'éloigne du point où la tempête a commencé à se faire sentir. Dans l'hémisphère boréal, ce mouvement de rotation a lieu en sens inverse de la marche d'une aiguille d'horloge, tandis qu'il est semblable à cette dernière dans l'hémisphère austral. Le diamètre de l'arc qu'il décrit en tourbillonant varie de 1,000 à 1,800 milles; le centre en est proportionnellement calme, tandis qu'à la circonférence la tempête sévit avec rage et que le vent souffle de toutes les directions imaginables.

243. Les tempêtes sont ordinairement accompagnées de circonstances particulières qui méritent également d'être mentionnées. Le major Sabine trouva à l'île Sainte-Hélène la plus faible intensité magnétique, et l'on sait que cette île n'est jamais éprouvée par de violentes tempêtes. Cette ligne de plus faible intensité magnétique passe par l'océan Pacifique, tandis que celle du maximum d'intensité paraît correspondre avec les régions des ouragans et du typhus, car le méridien du pôle magnétique américain passe à une distance considérable en avant de la mer des Caraïbes et le pôle asiatique à travers la mer de la Chine. Il trouva deux exemples de nuages qui crevaient, l'un dans l'hémisphère septentrional, l'autre dans l'hémisphère méridional, lesquels s'avançaient également dans une direction contraire l'un à l'autre, et tous deux dans un sens entièrement opposé à celui qu'y suivent les grandes tempêtes. Il explique les variations des vents violents de nos latitudes par des tempêtes qui, en augmentant d'extension, diminuent d'intensité à mesure qu'ils arrivent plus près des pôles, où alors leurs méridiens se rapprochent en même temps les uns des autres, ce qui est cause que les vents s'entremêlent parfois.

244. Snow Harris, de Plymouth, a découvert qu'il *existe une corrélation entre la force du vent et les oscillations capillaires du baromètre.* Il trouva que la force moyenne du vent était, pour toute l'année, à 9 heures du matin de 0,855 et à 9 heures du soir de 0,605,

245. Schubler a montré *que les vents possèdent une électricité propre.*

Tout ce qui est condensé par les vents dénote un certain rapport de son état d'électricité positive à la négative, puisqu'il représente un maximum avec les vents de la partie septentrionale du cercle de l'azimut et un minimum avec ceux de l'autre moitié; avec le vent du sud, ces condensations paraissent électrisées négativement et s'élèvent au double de celles qui le sont positivement. L'intensité moyenne de cette électricité, abstraction faite de sa nature, est à son maximum avec les vents du nord.

246. Comme il existe tout aussi bien un flux et un reflux dans l'atmosphère que dans la mer, et comme chaque élévation de l'atmosphère provoque immanquablement un changement dans les molécules qui se trouvent immédiatement au-dessous du point où elle commence, il n'existe pas de raison *pour qu'il n'y ait pas également une concordance entre le flux et le reflux, les vents et la pluie.* Quand la marée haute apparaît au pont de Londres, à midi ou à une heure de l'après-dîner, il tombera plus fréquemment de la pluie avec un vent d'est, qu'en tout autre temps. De même, il paraît vraisemblable que nous obtiendrons des tableaux plus exacts sur les marées, une fois que nous serons à même de calculer plus sûrement les variations qui surviennent dans les vents. Il résulte de ce que nous avons dit plus haut, qu'il est d'autant plus certain qu'il tombera de la pluie que la marée haute se montre plus près de midi, puisque alors la force avec laquelle la brise souffle de la mer vers l'intérieur des continents, est d'autant plus grande.

247. Les exemples suivants peuvent être regardés comme des signes précurseurs de l'approche d'un vent violent : quand les bêtes à cornes paraissent gaies, tiennent la tête en l'air et font des sauts ; — quand les moutons bondissent, jouent ensemble et se portent mutuellement des coups ; — quand les porcs crient ou portent dans la gueule de la paille, qu'ils déposent çà et là ; — quand les chats grimpent au sommet des arbres ou des poteaux ; — quand les oies s'apprêtent à voler et battent des ailes ; — quand les pigeons en volant tiennent fortement les ailes en arrière ; — quand les corneilles, tout au haut de l'air, font la culbute avec un grand vacarme ; — quand les hirondelles rasent constamment le même côté de l'arbre, parce que les insectes, en prévision du vent, se sont retirés du côté où ils sont à l'abri de leurs attaques ; — quand les pies se rassemblent par petits groupes et font entendre un cri babillard.

248. Les signes généraux d'une tempête sont : quand le *turdus viscivorus* (grosse grive) chante fort et longtemps, ce qui a valu à cet oiseau le nom de « girouette ; » — quand les mouettes de mer viennent à terre par fortes bandes et font entendre sur les côtes un vacarme d'enfer ; — quand les marsouins *(phocœna communis)* viennent en groupes considérables sur le rivage de la mer.

sont occupés ne connaissent pas toutes les petites particularités qui sont cause qu'ils se réalisent si rarement. Mudie résume très-bien ces différents points quand il dit : « Une cause qui fait que cette science si utile et si attrayante est parsemée de tant de difficultés, c'est le grand nombre d'éléments qui y entrent en jeu et qui doivent être exactement étudiés ; les différentes lois qui y président, la circonstance que la nature d'un grand nombre d'entre eux est si difficile à déterminer et que, dans leur action combinée, chacun exerce séparément son influence sur l'autre et le modifie. C'est ainsi que le mouvement diurne et annuel de la terre, les attractions du soleil et de la lune, l'influence que les hémisphères exercent l'un sur l'autre, l'influence réciproque de la mer et de la terre, des monts et des vallées ainsi que des plages couvertes d'une végétation, tout cela, dis-je, a une action sur le temps. Mais dans la plupart des cas, et particulièrement dans des climats aussi variables que ceux qui se trouvent sous les latitudes moyennes et près des côtes, et par-dessus tout, là où de petites étendues de terre sont entourées par la mer, toutes ces causes se confondent, de sorte qu'il est tout à fait impossible de déterminer la part que l'une ou l'autre exerce sur le temps du jour, de la semaine ou de quelque autre période de temps, plus courte ou plus longue. » (Mudie, *World*, page 243.)

250. **Botanique.** — Le cultivateur doit également se familiariser avec la botanique systématique (taxonomie) et la physiologie végétale. Par la première, il apprend à connaître les plantes qui croissent

spontanément dans ses champs et ses prés, tandis que la dernière lui fournit des indications sur la structure interne et les fonctions des organes dans les plantes qui composent le fond de sa culture.

251. On peut arriver à la connaissance de la botanique systématique en suivant deux méthodes différentes, à savoir : le système artificiel de Linné, qui pendant longtemps a été le seul en usage, et la classification naturelle des plantes dont Jussieu est l'inventeur. Il fut de mode, dans ces dernières années, d'élever jusqu'aux cieux les avantages de la méthode naturelle et de proscrire entièrement le système linnéen de l'étude de la connaissance des plantes. Cette tendance est fàcheuse, car il est certain qu'on parvient avec beaucoup moins de peine à connaître une plante avec le système de Linné qu'avec la méthode naturelle. Outre cela, la méthode linnéenne est une méthode toute naturelle pour étudier la structure des plantes, en tant que les diverses parties de la fleur (organes sexuels), qui, comme on sait, servent de base au système, sont tout aussi nécessaires pour connaître à fond une plante que son aspect, sa forme et son développement; aussi bien la méthode linnéenne ne néglige-t-elle pas, par exemple, la forme de la feuille, le caractère de la tige, la structure de la racine, pas plus qu'aucune des méthodes naturelles. Certes, on ne saurait nier que les plantes, quand elles sont classées en familles naturelles d'après l'affinité qu'elles ont entre elles par rapport à leur structure générale, leur habitat et les ver-

d’intérêt que quand on les examine dans le but de les ranger à leur place dans le système artificiel, et, considérée sous ce point de vue, l’étude de la méthode naturelle présente un charme qu’on chercherait en vain dans le système linnéen; mais il faut que le commençant ait déjà fait des progrès dans la botanique spéciale et qu’il se soit familiarisé avec les propriétés et les usages des plantes avant qu’il soit à même d’apprécier les beautés et les avantages de la méthode naturelle. Dans l’état actuel des choses, le moyen le plus rationnel d’arriver à la connaissance des plantes est, sans contredit, celui qui nous fait connaître le plus promptement le plus grand nombre de plantes, et, sous ce rapport, aucun autre ne l’emporte sur le système de Linné; et c’est alors seulement qu’on doit les classer en groupes naturels d’après la méthode de Jussieu et les soumettre à des recherches ultérieures.

252. L’étude de la physiologie végétale doit suivre l’étude de la botanique systématique. La physiologie végétale est une science toute moderne, qui a fait des progrès extrêmement rapides par l’emploi du microscope et les recherches des chimistes. Il suffit de jeter un coup d’œil sur les ouvrages de Johnston et de Raspail pour avoir une idée des immenses travaux que les chimistes ont faits dans les analyses des plantes, et jusqu’où l’on a porté les recherches microscopiques sur les plus petites parties de leur structure. Si la conformation des plantes était encore entièrement inconnue, on méconnaîtrait également les fonctions des organes, et par conséquent l’on verrait émettre les hypothèses les

plus étranges sur la nutrition et la vie des végétaux. Mais maintenant, chaque jour fait connaître plus exactement ces fonctions ; nous savons aujourd'hui que les plantes puisent leur nourriture dans le sol, sous une forme entièrement soluble ; qu'aux feuilles appartient l'importante mission de faire subir une modification au suc qui est monté à travers la tige, et qu'elles exercent en même temps une action sur l'air en tant que c'est dans ce dernier qu'elles prennent les substances dont elles ont besoin pour leur développement, et que c'est la lumière solaire qui rend ces substances propres à servir à la santé des plantes.

253. Les paroles suivantes, empruntées à la deuxième édition des *Lectures on Agricultural Chemistry and Geologie* de Johnston, page 159, mettront en évidence la liaison intime qui existe entre l'étude des plantes et l'agriculture. Cet auteur dit : « C'est un fait généralement connu que parmi les circonstances qui sont à même de modifier les fonctions spéciales de l'un ou l'autre organe, il en est un grand nombre qui exercent une influence essentielle sur toute l'économie des plantes. C'est même sur ce fait qu'est fondée l'agriculture pratique, dont les divers procédés n'ont d'autre but que d'activer autant que possible la végétation de toute la plante et de faire arriver les divers organes à un développement convenable. Quoique l'engrais agisse immédiatement dans le sol sur les racines, il favorise néanmoins la croissance de la plante entière, et la fu-

sur les feuilles, mais encore sur toutes les autres parties du tissu végétal. » Nous mentionnerons encore à ce sujet un fait très-intéressant, observé par Sprengel, qui, s'il se confirme, paraît autoriser des conséquences pratiques extrêmement importantes. Sprengel prétend que dans le Holstein on a fait souvent la remarque que quand certaines parties d'une vaste surface ensemencée en céréales sont marinées et que d'autres ne le sont pas, la végétation de ces dernières est moins belle et leur rendement moins élevé que si la sole entière n'avait pas reçu de marne. Si donc l'on ne voulait pas avoir de mauvaises récoltes, on serait obligé de marner ses champs. Doit-on admettre que la Providence récompense de cette manière le zèle et le travail? Les plantes qui croissent sur une terre bien tenue puisent-elles dans l'air une plus forte quantité d'acide carbonique et autres substances nutritives, et cela aux dépens des plantes chétives? Que de réflexions intéressantes se rattachent à un pareil fait! Quel regard profond il nous permet de nouveau de jeter sur l'immense sollicitude dont le Créateur entoure la nutrition de ses créatures et dans la sagesse avec laquelle il encourage toute bonne action! Et ne devons-nous pas avoir ainsi présent à l'esprit tout le bien qui pourrait être réalisé dans la culture du sol, si l'on y mettait le zèle et les connaissances nécessaires?

254. La distribution géographique des plantes est un objet d'étude extrêmement intéressant pour le cultivateur; il le met à même de pouvoir juger si un végétal dont on recommande la culture pourrait prospé-

rer sur son exploitation, sous une latitude déterminée et à une hauteur donnée au-dessus du niveau de la mer.

255. Chaque contrée et souvent diverses parties d'une même contrée possèdent une végétation propre dont les limites sont déterminées par différentes causes, car l'organisation est essentiellement différente dans les diverses espèces de plantes, qui, par conséquent, demandent des conditions de vie tout autres, de sorte qu'elles ne peuvent vivre et prospérer que là où ces conditions se trouvent réunies. La manière dont les plantes sont distribuées par rapport au sol et au climat, telle qu'on peut définir la géographie botanique, se trouve dans un rapport intime avec la physique générale du globe et diffère totalement de la botanique descriptive. Son importance ne peut faire l'objet d'aucun doute, quand on songe que le caractère d'une contrée et toute la physionomie de sa nature sont déterminés par la prédominance de certaines familles de plantes dans tel ou tel endroit, et que, par exemple, une contrée riche en graminées, comme le grand désert de Savannah, ou en palmiers, ou bien en arbres qui portent des fruits à pain, exerce la plus haute influence sur l'état social des habitants, sur leurs mœurs et sur les progrès qu'ils ont faits dans les arts et l'industrie.

256. La distribution des plantes à la surface de la terre est surtout influencée par la température, et c'est par rapport à cette influence qu'on les a divisées en huit

propre; ce sont : 1° la zone équatoriale, qui s'étend des deux côtés de l'équateur environ jusqu'au 15ᵉ degré de latitude et dont la température s'élève jusqu'aux plus fortes chaleurs et descend jusqu'à 78° Fahrenh.; 2° la zone tropicale, du 15ᵉ degré de latitude jusqu'aux tropiques avec une température qui descend en moyenne jusqu'à 73° Fahrenh.,—en été de 86°-80° Fahrenh.,— en hiver, dans les contrées situées sur les côtes orientales, jusqu'à 59° Fahrenh.; 3° la zone sub-tropicale, à partir des tropiques jusqu'au 34ᵉ degré de latitude, avec une température moyenne qui varie de 71°-62°, la température, en été, étant de 82° à 73° Fahrenh.; 4° la zone tempérée chaude, du 34ᵉ au 45ᵉ degré de latitude, avec une température moyenne de l'année qui s'élève à 62° et descend jusqu'à 53°; en été, la température, dans le nord de l'Amérique, est de 77°; en Europe, de 75° à 68°; dans l'Asie occidentale, de 82°; en hiver, dans le nouveau monde, de 44° à 32°; en Europe, de 50° à 34°; dans l'Asie occidentale, elle descend jusqu'à 26° Fahrenh.; 5° la zone tempérée froide, comprise entre les parallèles du 45ᵉ au 58ᵉ degré de latitude, avec une température moyenne de l'année qui descend de 53° à 42°; en été, la température la plus basse, sur les côtes occidentales, est de 56° et dans l'intérieur du continent de 68°; en hiver, la température la plus basse est, dans l'intérieur de l'Europe, de 14° Fahrenh.; 6° la zone sub-arctique, du 58ᵉ degré de latitude jusqu'au cercle polaire, avec une température moyenne de l'année qui varie entre le 42ᵉ et le 39ᵉ degré; pendant les mois d'été, elle est dans le nouveau monde de 66°; dans l'ancien, de 68°-60°; et, pendant les mois d'hiver, dans le premier de 14° et dans le dernier, notamment dans la partie occidentale de l'Europe, de 28°, et dans l'intérieur de la Russie de 14°-10°; 7° la zone septentrionale, du cercle polaire au 72ᵉ degré de latitude, avec une température moyenne de l'année qui s'élève à 32° et descend jusqu'à 22°, ou vers les positions de l'est et du continent très-loin au-dessous du point de congélation; 8° la zone polaire, ou ce qui est situé au delà du 72ᵉ degré de latitude; dans le nouveau monde, ce parallèle possède une température moyenne d'environ 1° et de 16° dans l'ancien; en été, elle est dans le premier de 37° et dans le dernier de 38°, tandis qu'en hiver elle est dans le nouveau monde de 28° et dans l'ancien de 2° Fahrenh.

257. De même que la physionomie du règne végétal est caractérisée dans les diverses zones de latitude de l'équateur vers les pôles par la prédominance de certaines familles qui leur sont propres, de même aussi elle l'est en sens vertical dans les régions montagneuses qui correspondent à ces zones. Si nous suivons la série des diverses régions de plantes telles qu'elles se succèdent quand on s'avance de la zone équatoriale vers le nord, et si nous établissons une comparaison avec les diverses zones de latitude, nous arriverons aux résultats suivants :

1° La région des palmiers et des bananiers, zone équatoriale;
2°   »   » fougères en arbre, des figuiers, zone tropicale;

5° La région des arbres européens, zone tempérée froide ;
6°   »   » arbres résineux, zone sub-arctique,
7°   «   » rododendrons, zone septentrionale ;
8°   »   » plantes alpestres, zone polaire.

258. En parcourant rapidement, l'une après l'autre, de grandes étendues de terres, ainsi que de hautes chaînes de montagnes où les climats se trouvent également étagés les uns au-dessus des autres, on sentira bien vite l'impression d'une certaine régularité dans la distribution des végétaux à la surface du globe. Tournefort trouva au mont Ararat les mêmes régions de plantes telles que le cardinal Bembo, au xvie siècle, les décrivait déjà sur les versants de l'Etna ; il y compara avec grand soin la Flore alpine avec celle des plaines dans les différentes latitudes, et, le premier, il a fait l'observation que l'élévation au-dessus du niveau de la mer détermine la distribution des plantes absolument de la même manière que l'éloignement des pôles le fait dans les lieux plats. Marsel s'est de même occupé, dans une Flore inédite du Japon, de la géographie botanique, et ce qu'il en dit se trouve également dans les fantastiques et piquantes *Études de la nature*, par Bernardin de Saint-Pierre. Mais ce n'est qu'après que la géographie des plantes a été examinée dans ses rapports intimes avec la distribution de la chaleur à la surface du globe, et quand les plantes ont été rangées en familles naturelles, ce qui a fourni le moyen de calculer méthodiquement de quelle manière les végétaux augmentent ou diminuent en nombre à mesure qu'on s'avance vers les pôles, ainsi que le rapport d'après

lequel, dans les différentes parties du globe, chacune de ces familles contribue à la masse totale des plantes indigènes, ce n'est qu'alors, dis-je, que la question a commencé à être traitée scientifiquement. Jussieu fait observer que, malgré quelques tentatives qui avaient déjà été faites précédemment, c'est à Al. de Humboldt que revient l'honneur d'être regardé comme le fondateur de la géographie botanique, car c'est lui qui, par ses immenses travaux dans le domaine de la météorologie et de la botanique, a répandu le plus de jour sur cette science.

259. Humboldt fixe le rapport relatif des principales familles végétales, dans les différentes zones, de la manière suivante : 1° le groupe des *glumacées*, qui comprend les trois familles des joncées, cypéracées et graminées, se trouve de plus en plus fortement représenté de l'équateur vers les pôles, puisqu'il forme, sous les tropiques, le 1/11, dans la zone tempérée le 1/8 et dans la zone froide le 1/4 de la masse entière des phanérogames. Cet accroissement vers les pôles est dû au grand nombre de joncs et de laîches qui sont moins nombreux dans les zones tempérées et à l'intérieur des tropiques, eu égard au reste des phanérogames. Or les joncées disparaissent presque entièrement sous les tropiques et n'y représentent plus que le 1/400 de tous les phanérogames, tandis que dans la zone tempérée leur nombre forme le 1/90 et dans la zone froide le 1/25 ; mais les cypéracées constituent, sous les tro-

froide le 1/9. La nombreuse famille des graminées, en revanche, est si uniformément répandue à la surface du globe, que c'est à peine si leur nombre augmente un peu vers les pôles; entre les tropiques, les plantes céréales forment le 1/4, dans la zone tempérée le 1/12 et dans la zone froide le 1/10 de tous les phanérogames. Relativement au nombre des espèces, ces familles augmentent de l'équateur vers les pôles. Les éricées forment, sous les tropiques, en Amérique 1/130, dans la zone tempérée de l'ancien monde 1/100, dans celle du nouveau monde 1/36 et dans la zone froide 1/25; la famille des amentacées ne constitue dans la zone torride que 1/800, en Europe dans la zone tempérée 1/18 et dans la zone froide 1/20 de tous les phanérogames. 2° Quatre autres familles, notamment les légumineuses, les rubiacées, les euphorbiacées et les malvacées sont extrêmement nombreuses dans la zone torride. Les légumineuses représentent, sous les tropiques le 1/10, dans la zone tempérée le 1/18 et dans la zone froide le 1/35 de tous les phanérogames; les rubiacées, sous les tropiques de l'ancien monde, 1/14 et dans le nouveau monde 1/25, dans la zone tempérée 1/60 et dans la zone froide 1/80; les euphorbiacées, dans la zone torride 1/32, dans la zone tempérée 1/80 et dans la zone froide 1/500; les malvacées, dans la zone torride 1/35, dans la zone tempérée 1/200 de tous les phanérogames, et dans la zone froide cette famille disparaît entièrement. Dans la grande famille des rubiacées, un des sept groupes qui la composent, les caféiers, forme le 1/3 de tous les rubiacées de l'Amérique tropicale, tandis que le groupe des stellées appartient surtout à la zone tempérée. 3° Les quatre familles des composées, des crucifères, des labiées et des ombelli- fères sont les plus nombreuses dans la zone tempérée, tandis qu'elles diminuent aussi bien vers l'équateur que vers les pôles. Sous les tropiques de l'ancien monde, les composées forment le 1/18 et dans le nouveau monde le 1/12; en Europe, dans la zone tempérée 1/8 et en Amérique 1/6, dans la zone froide 1/18 de tous les phanérogames. Les crucifères manquent presque entièrement dans la zone torride, tandis qu'elles forment à peine le 1/800 de tous les phané- rogames dans les régions des montagnes entre 7,680° et 10,870° d'élévation au-dessus de la mer; dans la zone tempérée d'Europe, elles en forment 1/18 et dans celle d'Amérique seulement 1/60, dans la zone froide 1/24. Les labiées représentent, sous les tropiques 1/40, dans la zone tempérée d'Europe et d'Amérique 1/25, et dans la zone froide 1/70 de tous les phanérogames. C'est vraiment étonnant que cette famille, aussi bien que celle des crucifères, soient si peu représentées dans la zone tempérée du nouveau monde. Les ombel- lifères ne se trouvent que rarement sous les tropiques, à une hauteur inférieure à 7,675'; au-dessus de cette hauteur, elles ne forment plus que 1/500 des phané- rogames, tandis qu'elles s'élèvent à 1/40 dans la zone tempérée, et cela dans une proportion plus considé- rable en Europe que dans l'Amérique du Nord, et dans la zone froide 1/60. 4° Parmi les acotylédonées, le

tion. Contrairement aux lois générales que suivent les cryptogames, cette famille diminue de beaucoup vers les pôles, ce qui est attribué à ce qu'elle demande un sol humide et un abri dans les bois chauds. Sous les tropiques, elle forme le 1/20, dans la zone tempérée 1/70 de tous les cryptogames, et elle manque totalement dans l'Amérique du Nord.

260. Géologie. — Le cultivateur qui est redevable au sol de tout ce qu'il exporte comme de tout ce qui sert à sa propre subsistance, comprendra sans peine la solidarité étroite qui unit l'agriculture à la géologie ; mais il s'en faut que les géologues aient anciennement dirigé leurs efforts vers l'industrie agricole comme ils se portent à le faire de nos jours. Tandis qu'ils se livraient avec ardeur à la recherche des diverses stratifications de roches qui composent la croûte terrestre, ils n'accordaient comparativement que peu d'attention à l'explication et à la classification des dépôts les plus récents qui composent plus particulièrement le sol et le sous-sol qui intéressent surtout le cultivateur. Jusqu'à présent encore, il nous reste bien des choses à approfondir sur l'origine des terres qui existent à la surface, sur la position et la structure des couches sous-jacentes dans lesquelles nous plaçons, par exemple, nos tuyaux de drainage, ainsi que sur l'espèce de stratifications qu'affectent ces dépôts, afin de résoudre dans la pratique la question de savoir s'il convient mieux de poser les tuyaux parallèlement ou sous un certain angle avec le cours des vallées, des fleuves, etc. Il n'est pas douteux qu'une connaissance plus exacte des formations les plus récentes ne fournisse mainte indication utile ; par exemple, dans la plantation des arbres, si tel ou tel sol et sous-sol conviennent au but auquel on les destine. Cette branche de l'économie rurale est encore mal comprise et est loin d'avoir été traitée avec tous les développements désirables ; mais des recherches faites par le moyen de la géologie permettront d'y introduire un perfectionnement. Toutes les opérations de la culture ont le plus étroit rapport avec les dépôts les plus récents des substances terreuses à la surface du globe ; aussi le cultivateur doit-il tâcher d'acquérir sous ce rapport toutes les connaissances que des ouvrages sur la géologie et des observations personnelles peuvent lui fournir.

261. Sols. — Tout le monde n'entend pas la même chose par le mot *sol*. Les géologues surtout ne l'adoptent guère, si ce n'est pour désigner, à la manière des botanistes, la terre sur laquelle végètent en général les plantes et les arbres ; car par l'expression de *roches*, dit Henri de la Bêche, les geologues ne désignent pas seulement les substances dures généralement appelées de ce nom, mais encore les différentes espèces de sables, graviers, schistes, marnes ou glaises qui constituent les divers dépôts, couches ou masses. L'observateur ordinaire comprend, par le mot sol, la terre qui le porte. Le cultivateur enfin se forme encore une autre idée de l'expression de sol, puisqu'il la limite exactement à la partie de la surface terrestre qu'il laboure avec la charrue.

Freyberg a établi pour la description des minéraux et qui ont été adoptés par les autres minéralogistes, n'ont pu être appliqués à la description des sols arables et n'auraient pu l'être avec avantage, puisque les molécules qui les composent sont extrêmement petites et varient constamment de formes, suivant le mode de préparation qu'on fait subir aux sols. La connaissance pratique des caractères extérieurs des divers sols n'est pas difficile à acquérir ; car quelque compliqués qu'ils paraissent dans leur composition, ils possèdent néanmoins toujours un caractère propre qui ne permet pas de les confondre avec d'autres. Le caractère principal de tous les sols ne repose directement que sur deux espèces de terres, *l'argile* et *le sable*, lesquelles, mélangées en plus ou moins grande quantité à chaque sol, lui impriment un caractère particulier. Les propriétés de ces deux espèces de terres se retrouvent également dans les sols à chaux purs et dans la terre végétale.

263. **Sol argileux.** — L'argile pure est si nettement caractérisée extérieurement qu'elle est très-facile à reconnaître. Fortement trempée, elle est grasse sous le pied, qui glisse sur elle dans toutes les directions. Elle est huileuse au toucher, et on peut facilement la pétrir en une masse homogène qui conserve la forme qu'on lui a donnée. Elle brille au soleil, retient l'eau à sa surface, la rend boueuse quand elle y est mélangée ou qu'elle coule à sa surface et la boue reste longtemps avant de se déposer. Les terrains glaiseux sont également froids au toucher et salissent tout ce qu'on met

en contact avec eux. Ils se coupent sous la bêche comme du fromage mou et n'abandonnent que lentement leur humidité. A l'état sec, il s'y produit une foule de fentes et de crevasses, ils deviennent durs et se prennent en mottes plus ou moins grandes qui sont difficiles à émietter, de sorte qu'ils ne peuvent être pulvérisés à l'aide des instruments agricoles ordinaires. La glaise teint la main et les autres corps, en laissant après eux une poussière sèche, d'une couleur vive, molle et terne. Elle est difficile à travailler, absorbe promptement l'humidité et reste attachée à la langue. Ni trop sèche ni trop humide, elle est tenace, se durcit promptement, pour peu que la sécheresse augmente, et se ramollit tout aussitôt quand il ne tombe qu'un peu de pluie. Par suite de tout cela, c'est l'espèce de terrain qui se dispose de la manière la plus rugueuse ; même, quand il se trouve dans le meilleur état, il est très-difficile à labourer et plus pénible encore à ameublir par les autres instruments d'agriculture. Par conséquent, sur une exploitation dont le sol est une glaise forte, on a besoin d'un grand nombre de chevaux pour les labours et, même quand le temps est très-favorable, l'époque pendant laquelle on peut le cultiver passe rapidement. Mais le sol argileux est doué d'une puissance extraordinaire et capable, selon sa quantité et sa qualité, de donner les plus opulentes récoltes. Il paraît d'ordinaire avoir beaucoup de fond et s'étend sur des surfaces considérables le long du rivage des grands

comme un sol naturellement fertile dans lequel on ne rencontre que peu de substances végétales. Sa couleur est d'un gris jaunâtre.

264. Terrain siliceux ou **sablonneux.** — Le terrain sablonneux pur est tout aussi facile à connaître que la glaise pure. A l'état humide, il est consistant sous le pied et présente alors un sillon net et lisse quand on le laboure. Il est rugueux au toucher et ne se prend point en mottes. Sec, il paraît mou et d'une consistance si peu forte que tout corps un peu pesant s'y enfonce entièrement, et qu'il est facilement chassé et transporté par le vent. Les terrains sablonneux se présentent aussi d'ordinaire en masses profondes, notamment dans le voisinage de l'embouchure des grands fleuves ou le long du rivage de la mer, ou bien ils couvrent dans l'intérieur des continents, en Europe et en Afrique, d'énormes étendues de terrains désignés sous le nom de déserts. C'est aussi un dépôt qui provient des eaux.

265. Sol arable. — Quand *la glaise est mélangée d'un peu de sable*, sa texture comme terrain s'en trouve essentiellement modifiée, sans que sa force productrice en soit augmentée. Il est vrai qu'à l'état humide un pareil sol est encore quelque peu glissant ; cependant il est plutôt rugueux que gras au toucher. Il ne se prend plus facilement en mottes et l'eau, tout en restant quelque temps à la surface, est cependant en partie absorbée. Il rend l'eau extrêmement boueuse et salit tout ce qui est mis en contact avec lui ; aussi n'est-il point tranché nettement par la bêche, à moins qu'on ne l'ait préalablement trempée. Il est terne et paraît dur quand il est sec, quoique non difficile à travailler avec les instruments agricoles; ni trop sec ni trop humide, il se prête à une très-belle préparation. Du reste, ce terrain ne se présente jamais en masses profondes, mais se trouve plutôt en couches superficielles et, dans beaucoup de cas, il repose presque immédiatement sur la roche dure; de sa nature il est peu favorable à la végétation et peu productif. On peut le caractériser comme un sol naturellement pauvre qui ne renferme qu'un faible mélange de substances végétales. Sa couleur est d'un brun jaunâtre.

266. **Loam** (terre franche). — Quand la glaise ou le sable se trouve mélangé, naturellement ou artificiellement, d'une suffisante quantité de substances végétales, ils passent au loam dont le caractère distinctif est déterminé par la prédominance de ces deux espèces de terre. Il existe donc des loam glaiseux et des loam sablonneux. Dans le sens sus-indiqué, le loam est d'ailleurs quelque chose d'autre que ce que beaucoup d'auteurs entendent par là quand ils le caractérisent comme un terrain analogue à l'argile. C'est ainsi que Johnson, dans la définition du mot *to loam*, cite comme synonyme le mot *to clay*, et Bacon fait observer que la meilleure terre est la terre franche, qui se trouve entre les deux extrêmes de la glaise et du sable, quand elle n'est pas trop loameuse et trop liante, ce qui prouve qu'il avait dans l'esprit l'idée de la pro-

communément sous le nom de *clay* ou loam; » et Hugo Reid en donne l'explication suivante : « On appelle loam des espèces de terres composées d'environ un tiers d'une matière terreuse très-divisée, qui contient beaucoup de carbonate de chaux. » Les opinions sont donc partagées sur la véritable signification du mot loam. « A mon avis, dit Stephens, on doit entendre actuellement par là autre chose que du temps de Johnson; à présent, le *loam* est une espèce de terre *qui renferme un mélange considérable de détritus végétaux;* je dis un mélange considérable, puisque tous les terrains, soit que la glaise ou le sable y domine, contiennent une certaine proportion de détritus végétaux. Mais tant que ce dernier mélange n'est pas tellement prépondérant que les propriétés ordinaires des terres qui constituent le sol s'en trouvent essentiellement modifiées, on ne peut, à bon droit, lui donner d'autre qualification que celle de terrain glaiseux ou sablonneux; mais dès que le mélange de détritus végétaux prédomine, on obtiendra un loam argileux ou sablonneux *(clay loam or sandy loam)*, distinction qui est bien connue des cultivateurs. Or, si le mot *loam* avait à peu près la même signification que le mot *argile*, l'expression de loam *sablonneux* serait une espèce de non-sens. D'autre part, un sol qui a une origine entièrement végétale, comme par exemple la tourbe et l'humus, ne peut pas être désigné par le nom de loam, car pour représenter le véritable terrain loameux tel que nous l'avons défini, il faut que ces détritus végétaux soient mélangés de l'une ou de l'autre espèce de terre. Donc tous les terrains ont les propriétés de la glaise ou du sable, et un mélange considérable de détritus végétaux les transforme en loam. Aussi est-il très-possible de changer, dans la culture, toute espèces de terrains en terrains loameux, comme on en voit des milliers d'exemples dans le voisinage des grandes villes.

267. Loam argileux. — C'est un des terrains les plus utiles et les plus précieux. Il se prend en mottes quand on le comprime, mais il s'émiette facilement. Sa surface est aisément pénétrée par la pluie, et alors elle est molle et grasse au toucher ; mais l'eau en est vite absorbée, de sorte que la surface se sèche promptement. Il est facile à travailler en tout temps, pourvu qu'il reste deux jours sans pleuvoir, et se réduit alors presque en poudre. D'ordinaire, il a passablement de fond et convient parfaitement au froment ainsi qu'aux fèves, turneps (navets de Suède) et au trèfle rouge ordinaire. Sa couleur est d'un brun foncé, qui parfois prend une teinte rougeâtre.

268. Tous les terrains argileux sont plus propres à la culture des plantes à racines fibreuses qu'à celle des bulbes et des tubercules, surtout quand les racines fibreuses sont accompagnées d'une racine pivotante, comme le froment, le trèfle rouge, les fèves et le chêne. La paille des céréales qui croissent sur un pareil terrain devient très-longue, et celles-ci ont, par conséquent, besoin d'être solidement fixées dans le sol. Du reste, les céréales mûrissent généralement plus tard dans les sols glaiseux, et il arrive parfois que, dans les années

aussi leur végétation est d'autant plus puissante dans les années sèches, et elles fournissent alors un rendement supérieur en qualité et en quantité.

269. Terrains graveleux.—Il y a deux espèces de terrains sablonneux, qui d'ailleurs ne diffèrent que par leur degré de finesse. Sous le nom de sable, on désigne une poudre composée de petites particules arrondies d'une substance siliceuse, et, quand ces particules ont la grosseur d'une noisette et plus, on les appelle du gravier, qui a donné son nom au *terrain graveleux*, lequel passe au loam graveleux quand il renferme un mélange notable de détritus végétaux. Les sols graveleux proviennent de la désagrégation de différentes roches, tandis que les silex plus volumineux qu'on rencontre dans le sein de la terre sont des formations plus anciennes. Souvent des espaces immenses sont couverts de ces dépôts graveleux qui possèdent une puissance considérable. Un pareil sol ne devient point humide à proprement parler, puisqu'il absorbe la pluie qui tombe avec une extrême rapidité, et il est plus consistant sous le pied après une pluie. Il se laisse facilement travailler en tout temps et donne un sillon assez net nonobstant les nombreuses petites pierres qui se trouvent à sa surface et qui doivent certainement rendre la marche de la charrue incertaine. Cette espèce de terrain convient principalement à la culture des plantes à bulbes et à tubercules, et il n'en est point qui fournisse un champ de navets plus sec et plus beau pour le pâturage des moutons, ce qui a fait donner, par excellence, à ce terrain le nom de *sol à navets*.

270. Loams (terre franche) **sablonneux et graveleux.** — S'ils ne sont pas les plus précieux, ce sont certainement les plus utiles de tous les sols. Dans une année ordinaire, ils ne deviennent ni trop humides ni trop secs et sont propres à toutes sortes de cultures, qui y achèvent leur maturation en dépit de la température. Pour ce motif, on en fait grand cas. Ils n'ont jamais beaucoup de fond, ne forment pas de grandes étendues et se trouvent particulièrement dans les abords des rivières, où ils couvrent des versants ou des buttes, entre lesquels les eaux en descendant des montagnes dirigent leur cours jusqu'à ce qu'elles se jettent dans les fleuves ou dans la mer. Aussi n'est-il pas rare que ces rivières, en se grossissant, inondent de semblables terrains et enlèvent la couche végétale de ceux qui sont en pente.

271. Terrains crayeux. — Indépendamment des sols que nous venons de citer, il en est d'autres qui ont pour base la *chaux*; ces terrains crayeux sont très-communs dans le midi de l'Angleterre. Du reste, ils ne diffèrent en rien des terrains glaiseux et sablonneux relativement à la manière dont ils se comportent comme sol arable. Ceux qui proviennent des schistes crayeux ont une action analogue à celles des terrains sablonneux, et ceux au contraire qui sont produits par les formations crétacées plus anciennes situées plus profondément possèdent les propriétés des terrains glaiseux.

tourbeux provenant de la tourbe ordinaire; mais telle qu'elle sort de la tourbière, la tourbe est impropre à la végétation, et, lorsqu'elle est décomposée, elle possède les propriétés du *terreau* et doit être considérée comme tel. Au point de vue pratique, il vaut donc mieux diviser les terrains en deux classes, d'après la glaise ou le sable qui y prédomine, en ayant soin de faire connaître les proportions respectives d'argile *(loam)* qu'ils renferment.

273. Terreau. — Tous les sols loameux cultivés depuis longtemps, et comme tels saturés d'engrais en décomposition, se transforment peu à peu en terreau et constituent alors, dans les champs et les jardins, une couche végétale extrêmement précieuse pour les plantes.

274. Sous-sol. — La couche arable se compose de la portion de croûte terrestre qui est retournée avec la charrue, et la couche située immédiatement au-dessous de la bande renversée par la charrue porte le nom de *sous-sol,* qu'elle se compose d'une substance terreuse identique à celle de la couche arable, ou qu'elle n'ait que quelque analogie avec cette dernière, puisque tout en ayant la même constitution, elle ne diffère de cette dernière que par son degré de division et de porosité ; ou bien que sa composition soit entièrement différente de celle de la couche arable, ou, enfin, qu'il repose immédiatement sur la roche dure, le sous-sol exerce toujours une grande influence sur la couche supérieure, et à ce titre il est du plus haut intérêt pour le cultivateur. Nous allons, par conséquent,

essayer de représen-
ter dans une figure
les différences que
nous avons décrites
dans le sous - sol.
Soit *a* dans la figure
la surface du terrain,
ordinairement dési-
gnée sous le nom de
terreau ou couche
végétale, telle qu'elle
a été produite à la
longue par la végé-
tation et les plantes
adventices qui s'y
sont décomposées.

La ligne ponc-
tuée *b* représente la
profondeur du sillon.
Le soc de la charrue
peut pénétrer immé-
diatement au - des-
sous de cette cou-
che de terre végétale
comme en *b*, alors
c'est elle qui consti-

Coupe transversale de la couche arable et des diverses espèces de sous-sols.

tue la couche arable et la terre qui se trouve au-
dessous du sous-sol; ou bien le soc ne passe point
au-dessous de la couche végétale, mais la traverse

sol sont identiques, c'est-à-dire que tous deux se composent de la terre végétale; ou bien la charrue coupe la couche de terre qui est située immédiatement au-dessous de la terre végétale comme en *d*, et dans ce cas la couche arable et le sous-sol ne sont que semblables l'un à l'autre, puisque la constitution de la première est la même que celle de la dernière, à part le terreau qui s'y trouve mélangé; ou bien encore la charrue glisse sur la surface *e*, et alors la couche arable, quoique ne se composant plus exclusivement de terre végétale, renferme, dans tous les cas, une espèce de terre, tandis que le sous-sol en contient une autre, sable, gravier ou glaise; ou, enfin, la charrue pénètre jusqu'à la surface *f*, où alors la couche arable est de même composée de terre qui ne consiste pas uniquement en terre végétale, mais qui est mélangée peut-être d'argile ou de sable, tandis que le sous-sol est formé par une roche dure. Les différentes espèces de couches végétales et de sous-sols, telles qu'elles ont été représentées dans la figure, existent effectivement dans la nature, quoiqu'elles ne se rencontrent sans doute pas toutes à la fois dans un seul et même lieu.

275. Il n'est pas douteux que le sous-sol n'agisse, à un degré remarquable, sur *l'état de la couche arable qui repose sur lui.* Quand la couche arable est glaiseuse, elle ne laisse point passer l'eau, et quand le sous-sol est composé de la même substance, il la retient également, et l'action immédiate de tout cela est que tous deux, la couche végétale comme le sous-sol, sont

constamment humides, jusqu'à ce que la première se soit d'abord ressuyée par l'évaporation, et ensuite le sous-sol. Un semblable sous-sol imperméable peut rendre humide une couche végétale formée de sable ou de gravier, c'est-à-dire qui est poreuse de sa nature. D'un autre côté, un sous-sol graveleux, qui par conséquent est constamment poreux, contribue essentiellement à assainir une couche végétale composée de glaise et qui de sa nature retient l'humidité. Quand une couche végétale poreuse repose sur un sous-sol également poreux, l'humidité, même la plus prolongée, peut à peine y exercer une action nuisible. Une roche peut donner un sous-sol imperméable ou poreux, selon sa structure; si elle forme une masse dure, la couche arable qui repose sur elle reste habituellement humide; si, au contraire, elle se compose de couches stratifiées et inclinées dans le sens de la profondeur, comme en *f*, la couche supérieure devient proportionnellement beaucoup plus sèche, même quand de sa nature elle retient fortement l'humidité.

276. **La couche arable et le sous-sol peuvent affecter différents états,** qui portent différentes dénominations, reçues dans la pratique. C'est ainsi que les cultivateurs appellent *fort* ou *tenace*, un sol qu'il est difficile d'ameublir avec les instruments ordinaires; tous les terrains glaiseux ou composés d'une argile glaiseuse appartiennent à cette caté-

sans peine ; tous les terrains sablonneux et graveleux sont dans ce cas.

278. **Sol sec et humide,** quand il est continuellement ou sec ou humide. Tous les terrains, particulièrement les terrains glaiseux, qui reposent sur un sous-sol imperméable, sont ordinairement humides, tandis que ceux dont le sol est poreux, et plus particulièrement les sols graveleux et ceux qui sont composés d'une argile graveleuse, sont habituellement secs.

279. **Sol profond et superficiel.** — *Profond* quand il est passablement plus puissant que jusqu'où la charrue pénètre d'ordinaire ; dans ce cas, on peut approfondir le sillon plus que de coutume, sans craindre de ramener d'autre terre à la surface ; *superficiel* quand le sillon dépasse la profondeur de la couche arable. Par des labours sagement entendus, on peut, à la longue, augmenter la puissance de la couche arable, comme aussi l'on peut communiquer à un sol profond les caractères d'un sol superficiel en continuant de labourer superficiellement. Les premiers sont, en général, considérés comme d'excellents terrains, et les autres comme des terrains de médiocre qualité.

280. **Riche et pauvre.** — Quand un terrain a besoin d'une énorme quantité d'engrais pour donner une bonne récolte, on dit que ce terrain est pauvre, et quand il est naturellement fertile ou qu'il n'exige qu'une moyenne fumure pour fournir une abondante récolte, on l'appelle terrain riche. Les sols glaiseux superficiels et tenaces et les sables ordinaires appartiennent aux premiers ; la glaise molle et l'argile profond aux autres.

281. Couleur des terres. — Couleur noire.
—Quoique les différentes espèces de terres diffèrent parfois beaucoup, leurs couleurs sont cependant peu nombreuses. La tourbe telle qu'on l'extrait des tourbières et le terreau qui sort de la profondeur paraissent noirs, et cette couleur provient, à coup sûr, de la substance végétale. On peut donner une teinte plus foncée aux terres en les mélangeant de suie, de charbon de bois et de composts faits avec de la tourbe, là ou cette dernière se trouve en grande quantité. Les terres très-noires sont la plupart inertes et de peu de consistance.

282. Couleur blanche. — On trouve des terrains blanchâtres dans quelques districts de l'Angleterre. Les terrains sablonneux, tels qu'ils couvrent parfois de vastes étendues, soit dans l'intérieur des continents, soit sur le rivage de la mer, ont aussi une teinte d'un blanc jaunâtre, ainsi que le sable calcaire qui provient, en grande partie, de coquilles. Les sols d'une teinte pâle prennent peu à peu une couleur foncée, par suite du mélange des substances végétales qui leur sont apportées par les engrais et la culture. Des pierres d'un blanc grisâtre et du sable annoncent que le terrain dans lequel ils se rencontrent a une origine marécageuse. Les sols composés d'une glaise tenace ont parfois une légère teinte d'un brun jaunâtre.

283. Couleur bleue. — Une glaise fine et tendre, telle qu'elle se forme au fond des eaux dormantes, possède fréquemment une couleur bleuâtre qui devient

d'excellents terrains pour le froment et les turneps.

284. Couleur rouge. — Cette couleur n'est pas rare dans les différentes espèces de terres. Le rouge brun foncé provient vraisemblablement d'un oxyde métallique contenu dans le sol, et alors cette couleur est un excellent augure pour la qualité du sol et du sous-sol, qu'il soit léger ou fort.

285. Couleur brune. — C'est celle qui se montre le plus souvent dans les différentes espèces de terres, et la nuance qu'on préfère est le brun noisette. Il est probable que cette couleur provient également de l'oxyde de fer contenu dans le sol; par suite du mélange des engrais végétaux qui y sont apportés par la culture, cette couleur devient de plus en plus foncée et passe au brun châtain.

286. Couleur du sous-sol. — Elle est moins uniforme que dans la couche arable, ce qui vient, sans doute, de ce que le sous-sol n'est pas cultivé et que l'air n'y trouve point accès. On trouve des espèces de sous-sols, diversement colorés, par places, et il est de règle que ceux-ci sont d'autant moins nuisibles à la couche arable qui se repose sur eux, que cela se prononce davantage et que la couleur en est plus vive. Ces teintes sont bleu clair, vert, rouge clair et jaune clair. On estime des sous-sols d'un rouge foncé et d'un brun châtain, et ceux-ci sont d'autant meilleurs, que leur couleur se rapproche du brun noisette. Le brun foncé et le vert jaunâtre sont des couleurs fixes qui varient rarement quand le sous-sol vient à être mis en culture; mais quand il est coloré en bleu, en vert, en jaune et en rouge pâle, il devient plus foncé et plus terne, quand il est exposé à l'air et mélangé avec de l'engrais ou quelque autre terre.

287. La couleur d'un sol exerce une influence considérable sur son échauffement par les rayons solaires ; des sols d'une teinte foncée absorbent plus de chaleur que ceux qui sont gris ou jaunes, et tous les sols de couleur foncée réfléchissent le moins de rayons calorifiques, tandis que ceux qui ont une teinte claire en réfléchissent davantage. D'après Schubler, le sable de couleur naturelle, avec une hauteur de la colonne thermométrique, à l'ombre et en août, indiqua une température de 112 1/2°, du sable noir une température de 123 1/2° et du sable blanc une température de 110° ; par conséquent, une différence de 13° en faveur du sable noir. Schubler observa la plus haute température dans le sol, le 16 juin 1828, par une belle journée, un temps calme et par un vent d'ouest ; elle était de 153 1/2°, tandis que le thermomètre ne marquait que 78° à l'ombre.

288. Le cultivateur sait très-bien que son sol s'échauffe davantage quand les rayons solaires y tombent à plomb que s'ils y tombent obliquement. Schubler dit : « Quand l'accroissement effectif de température, qui, par suite des rayons solaires verticaux a lieu par rapport à la température de l'air dans l'ombre, s'élève entre 45 et 63°, comme cela peut arriver fréquemment par une belle journée d'été, il en atteint

explique très-bien comment il se fait que, même dans nos climats, la chaleur devient souvent si considérable sur les versants des montagnes ou des rochers exposés au midi. Quand le soleil se trouve à une hauteur de 60° au-dessus de l'horizon, comme c'est plus ou moins le cas en plein été, vers midi, les rayons solaires tombent, à angle droit, sur les versants des montagnes qui forment avec l'horizon un angle de 30°; et cela peut arriver encore dans les mois postérieurs quand la pente est assez raide. Une exposition extrêmement favorable, et telle que les rayons solaires doivent y tomber directement, agit si avantageusement sur un sol à teinte claire qu'il en devient proportionnellement meilleur qu'un autre sol qui possède une couleur foncée, mais une exposition moins favorable.

289. Faculté de retenir le calorique. — La couleur exerce une influence notable sur cette propriété. Quand le soleil est caché, les sols d'une teinte foncée laissent plus promptement rayonner le calorique qu'ils ont absorbé que des sols d'une teinte claire; et la couleur combinée avec la sécheresse exerce une action plus puissante sur son échauffement que les substances mêmes dont il est composé. Le sable par exemple, se refroidit bien plus lentement que la glaise, et ce dernier moins vite qu'un sol qui contient beaucoup d'humus. D'après Schubler un sol tourbeux se refroidit autant en 1 heure 43 minutes qu'un terrain formé d'une glaise pure en 2 heures 10 minutes et que du sable en 3 heures 30 minutes. Il en résulte pour la pratique que, pendant que du sable retient son calorique encore 3 heures et de la glaise 2 heures après le coucher du soleil, le terreau ne le conserve que pendant 1 heure ; mais ce dernier absorbera aussi bien plutôt la rosée, et pour peu que la sécheresse continue, les plantes qui végètent dans un pareil sol auront un aspect bien plus frais et plus sain que celles qui croissent dans le sable où elles se faneront faute d'humidité. Si nous comparons cette vertu de conserver le calorique avec les autres propriétés physiques dans les différents sols, nous trouvons qu'ils se comportent à peu près sous ce rapport, comme par rapport à leur pesanteur spécifique. Aussi peut-on conclure avec assez de vraisemblance de cette dernière propriété à la faculté plus ou moins grande de retenir le calorique, ce qui nous engage à indiquer le poids spécifique des différentes espèces de terres.

Celui-ci s'élève dans :

Le sable siliceux	2,653
La glaise sablonneuse . . .	2,601
La glaise argileuse. . . .	2,581
La terre à briques. . . .	2,560
La glaise pure à teinte grise .	2,533
La terre à pipes	2,440
La terre arable.	2,401
Terreau de jardin	2,332
Humus	1,370

midité dessèche toutes les espèces de terres, et quand la sécheresse continue, ce desséchement a lieu dans les sols tourbeux et dans ceux à glaise tenace, dans une telle mesure qu'ils se contractent du cinquième de leur masse. Voici, d'après Schubler, dans quel rapport ce retrait s'opère par 100 parties dans les différentes espèces de terres :

Sable siliceux ne subit aucun changement.
Glaise sablonneuse se contracte de 6,0 parties.

Glaise argileuse	»	8,9	»
Terre à briques	»	11,4	»
Glaise pure et grisâtre	»	18,3	»
Terre de jardin	»	14,9	»
Terre arable	»	12,0	»
Humus	»	20,0	»

291. Faculté des terres de s'échauffer. — L'état plus ou moins humide d'une terre influe considérablement sur la propriété qu'elle possède de s'échauffer par les rayons solaires. A l'état humide, sa température s'abaisse, par suite de l'évaporation, de 11 1/4° à 13 1/2° Fahr.; et dans cet état, les différentes terres ne montrent pas une grande différence relativement à la propriété de s'échauffer, mais elles cèdent, quand elles sont ainsi saturées par l'eau, à peu près la même quantité de vapeur d'eau à l'air dans un temps donné. Mais quand elles se sont tant soit peu ressuyées, on voit que des terres de couleur claire, qui retiennent plus longtemps l'humidité, s'échauffent aussi moins vite, tandis que c'est le contraire pour celles à teintes foncées, qui abandonnent plus promptement leur humidité.

292. Faculté des terres d'absorber l'humidité. — A l'exception du sable siliceux, tous les terrains possèdent la propriété d'attirer l'humidité de l'air, et cette propriété se retrouve au suprême degré dans les sols glaiseux, principalement ceux qui sont très-riches en humus, car l'humus est doué d'une forte puissance d'absorption. Tous les sols possèdent cette propriété au maximum dans le principe, et elle diminue constamment à mesure qu'ils se saturent d'humidité ; ce qui a lieu en quelques jours. Une partie de l'humidité ainsi absorbée s'évapore de nouveau sous l'influence des rayons solaires, et se trouve restituée par l'air durant la nuit. Ces variations périodiques diurnes dans l'état hygrométrique du sol doivent naturellement exercer une action extrêmement favorable sur la végétation. Schubler a rassemblé dans un tableau les diverses espèces de terres, par rapport à leur pouvoir respectif d'absorption.

ESPÈCES DE TERRES.	1.000 GRAINS DE TERRE, sur une surface de 50 pouces carrés, absorbent en			
	12 heures.	24 heures.	48 heures.	72 heures.
Sable siliceux	0	0	0	0
Glaise sablonneuse . .	21	26	28	28
Glaise argileuse . . .	25	30	34	32
Terre à briques. . . .	30	36	40	41
Glaise pure, grisâtre . .	37	42	48	49
Terre de jardin. . . .	35	45	50	52

293. Point de saturation par l'eau. — Les différentes espèces de terres ne se comportent pas toutes de la même manière relativement à la quantité d'eau qu'elles sont en état d'absorber avant d'en être complétement saturées. Schubler a trouvé que l'eau nécessaire à la saturation d'un pied cube est pour :

Le sable siliceux	27,3 livres.
La glaise sablonneuse . .	38,8 »
La glaise argileuse . . .	41,4 »
La terre à briques . . .	45,4 »
La glaise pure, grisâtre. .	48,3 »
La terre à pipes	47,4 »
Le terreau de jardin. . .	48,4 »
La terre arable	40,8 »
L'humus	50,1 »

La plus faible puissance d'absorption existe donc dans le sable, si on le compare en poids ou en volume avec les autres espèces de terres, et c'est le sable siliceux qui absorbe le moins. Du reste, il se comporte différemment sous ce rapport, suivant qu'il est composé de grains plus ou moins fins. Il est du sable à grains gros qui n'absorbe que 20 livres d'eau, tandis que celui à grains fins peut quelquefois en contenir jusqu'à 40 livres. En général, c'est l'humus qui possède la plus grande capacité pour l'eau, surtout quand cet acide humique est, en outre, mélangé d'une quantité notable de matières organiques à demi décomposées, comme, par exemple, du bois, des feuilles, des racines, etc.

Quand la faculté d'absorber l'eau dépasse 90 livres, on peut à peu près être certain que le sol est très-riche en débris organiques.

294. Faculté des terres de retenir l'humidité. — Les différentes espèces de terres se comportent de même très-différemment relativement à la faculté de retenir l'humidité absorbée jusqu'à complète saturation, tout en se desséchant petit à petit, et cette propriété est d'autant plus prononcée que le sol est plus profond. Schubler a composé le tableau suivant qui est relatif à cette propriété.

ESPÈCES DE TERRE.	EAU évaporée en 4 jours.	PROPRIÉTÉ des TERRES de retenir L'HUMIDITÉ.
	Grains.	P. %.
Sable siliceux	146	29
Terre de jardin, légère	143	89
Terre argileuse, très-légère	132	336
Sol arable	131	60
Terrains tourbeux médiocrement légers.	128	179
Glaise blanche et fine	123	70
Glaise grise et fine	123	87

La différence qui existe entre les diverses espèces de terre relativement à leur consistance plus ou moins meuble exerce, d'après ce qui a été dit plus haut, un

rapide des sols profonds. Le terreau des jardins, outre qu'il retient l'eau pendant longtemps, puisqu'il se rapproche sous ce rapport de la glaise pure, en vaporise une plus grande quantité, dans le même espace de temps, que les sols glaiseux. Les terres tourbeuses, quoique très-propres à retenir l'eau, se dessèchent cependant encore plus promptement que les sols glaiseux. La glaise fine et grise laisse encore apercevoir une surface humide après 14 jours, tandis qu'elle était déjà sèche dans les sols tourbeux, plusieurs jours auparavant. La consistance d'une terre et sa tendance à se contracter par le desséchement exercent une influence plus marquée dans un sol profond que dans une terre légère.

295. Faculté des terres d'absorber l'oxygène. — C'est une autre propriété physique des terres, également très-importante, que Schubler a soumise à des expériences qui ont donné les résultats suivants :

Grains.		Pouces cubes.	
1,000	Sable siliceux absorbent, à l'état humide .	0,24	
»	Glaise siliceuse.	1,39	
»	Glaise argileuse	1,65	
»	Glaise à briques	2,04	De 15 pouces cubes d'air atmosphérique renfermant 21 p. c. d'oxygène.
»	Glaise pure, grisâtre.	2,29	
»	Terre de jardin	2,60	
»	Sol arable	2,43	
»	Humus	3,04	

En se desséchant, tous les sols perdent leur propriété d'absorber l'oxygène de l'air, qu'ils recouvrent de nouveau, au même degré, dès qu'ils sont humides. Cette absorption s'effectue encore quand ils se trouvent submergés par l'eau. Une égale quantité d'eau seule n'absorbe qu'une très-faible proportion d'oxygène, ce qui est une preuve non équivoque que cette fonction est principalement exercée par les terres. La puissance d'absorption la plus forte se trouve encore dans l'humus ; après lui viennent les sols glaiseux, tandis que les sols siliceux occupent le bas de l'échelle. Une couche d'air renfermée dans un espace clos, et qui serait située au-dessus d'eux, finirait par devenir tellement pauvre en oxygène qu'une chandelle allumée s'y éteindrait et que des animaux y mourraient par asphyxie. Il existe une différence notable entre l'humus et les substances inorganiques dans la manière dont cette absorption s'opère. L'humus se combine en partie avec l'oxygène, dans le vrai sens chimique du mot, et parvient par là à un plus haut degré d'oxydation, qui donne lieu à une production plus abondante d'acide carbonique. Les terres inorganiques, en revanche, absorbent l'oxygène sans se combiner avec lui. Que les terres soient gelées ou couvertes de glace, la quantité d'oxygène qu'elles absorbent est aussi faible qu'à l'état sec. A une température modérée, comme celle entre 59° et 65° Fahrenh., elles absorbent plus d'oxygène, dans le même temps, qu'à une température qui n'est que de quelques degrés au-dessus du point de congélation.

296. **Propriétés physiques des terres.** — De la propriété des terres de retenir plus ou moins longtemps l'eau absorbée, de leur poids, de leur consistance et de leur couleur, jointe à l'analyse chimique

avec beaucoup de vraisemblance aux autres propriétés physiques. Plus une terre est pesante, plus est grande la propriété de retenir le calorique; plus sa couleur est foncée et sa propriété de retenir l'eau faible, plus est prompt et intense son échauffement par les rayons solaires; plus est grande la propriété de retenir l'eau, plus prononcée, en général, sera la faculté d'absorber l'humidité à l'état sec et l'oxygène de l'air à l'état humide. Plus un sol est lent à se ressuyer, surtout quand il possède une forte consistance, plus grande aussi sera la propriété de retenir l'eau; et le degré de froid et d'humidité, ainsi que la difficulté à se laisser travailler, soit humide, soit sec, augmentent avec cette consistance.

297. Connaissance de la nature du sol par les plantes adventices qui végètent à sa surface. — Il n'est pas douteux qu'une semblable connaissance ne saurait être susceptible du même degré de précision que les résultats d'une analyse chimique. Les propriétés chimiques et physiques d'une terre peuvent être étudiées d'une manière précise, tandis que si l'on *conclut* de la végétation qui la couvre, à ses propriétés, tout ce qu'il est possible de faire en pareille circonstance, on peut facilement se tromper. Si les produits étaient constamment les mêmes, cette méthode présenterait moins d'inconvénients; mais par cela même que la végétation change quand le sol se trouve situé dans d'autres conditions, elle est moins généralement applicable. Une même espèce de terre, qu'elle se soit formée sur place par la désagrégation des roches ou qu'elle y ait été apportée par les eaux, possède en tout lieu les mêmes caractères extérieurs, mais il n'en est pas de même des plantes qui croissent à sa surface, lesquelles varient non-seulement avec la latitude, mais encore avec l'élévation au-dessus de la mer. C'est ainsi que les sols siliceux des contrées tropicales offrent une végétation bien différente de ceux qui sont situés dans les contrées tempérées et froides. Le climat est le principal agent qui détermine la physionomie de la Flore. Mais, même en négligeant le climat, on rencontre sur une seule et même espèce de terre une grande variété de plantes, à tel point qu'il en faut posséder une connaissance très-étendue pour pouvoir conclure de leur présence aux propriétés spéciales d'un terrain. Ajoutez-y que la végétation permet seulement de connaître la nature d'un sol avant qu'on l'ait mis en culture, cas dans lequel sa Flore est bien différente.

298. Toutefois il est incontestable que les plantes qui croissent sur un terrain peuvent servir à faire connaître sa nature et même l'état dans lequel il se trouve. Ces sortes de plantes sont en petit nombre et faciles à connaître. Dans les exemples ci-après, nous désignerons celles que nous-mêmes avons eu l'occasion d'observer, en distinguant celles qui y existent à l'état naturel et celles qui y apparaissent dès que le sol est mis en culture. On désigne sous le nom de *mauvaises herbes* toutes les plantes qui viennent spontanément dans les champs cultivés en blé ou quelque autre produit, ainsi que dans les prairies artificielles. Un terrain *glaiseux* de

offre la végétation suivante aussi longtemps qu'il reste à l'état naturel :

Spirea ulmaria . . . . . . La spirée, reine des prés.
Angelica sylvestris . . . . L'angélique sylvestre.
Ranunculus lingua . . . . La renoncule, petite flamme.
Rumex acetosa. . . . . . . La patience, grande oseille.

299. Aussitôt qu'un pareil sol est mis en culture, on y voit pulluler les mauvaises herbes suivantes, qui y sont apportées soit par les semences de blé ou de gramens, soit par le vent ou le fumier :

Rumex obtusifoliis. . . . . La patience à feuilles obtuses.
Senecio vulgaris. . . . . . Le seneçon vulgaire.
Lampsana communis . . . L'herbe aux mamelles.
Agrostemma githago . . . La lychnide, nielle des blés.
Matricaria camomilla. . . La matricaire camomille.
Sonchus oleraceus . . . . . Le laiteron.

300. Les *terrains glaiseux peu profonds*, tels qu'on les rencontre à l'état naturel dans les bas-fonds, présentent une végétation composée comme suit :

Ranunculus acris . . . . . La renoncule âcre.
Aira cespitosa. . . . . . . La canche en gazon.
Equisetum arvense . . . . Le prêle des champs.
Stachys palustris . . . . . L'épiaire des marais.

301. Quand ils sont mis en culture, ils constituent *l'argile glaiseuse* et on y voit végéter les plantes suivantes :

Tussilago farfara . . . . . Le tussilage, pas d'âne.
Sinapis arvensis. . . . . . La sanve ou moutarde sauvage.
Polygonum aviculare . . . La renouée traînasse.

302. Les *terrains d'une argile glaiseuse forts et profonds*, situés sur un sous-sol perméable, tels qu'ils existent à l'état naturel dans les pays plats, portent les plantes adventices ci-après :

Silene inflata	La silène enflée.
Antirrhinum linaria. . . .	L'antirrhinée linaire.
Scabiosa arvensis.	La scabieuse des champs.
Centaurea scabiosa	La centaurée scabieuse.
Polygonum amphibium . .	La renouée amphibie.
Dactyllis glomerata	Le dactyle pelotonné.

303. Dans les sols d'une *argile glaiseuse forts et peu profonds* à sous-sol perméable, tels qu'on en trouve également dans les pays plats, à l'état naturel croissent les mauvaises herbes ci-après :

Ononis arvensis	La bugrane des champs.
Trifolium arvense	Le trèfle des champs.
Trifolium procumbens. . .	Le trèfle couché.

304. Quand ces terrains sont mis en culture, elles sont remplacées par les suivantes :

Anagallis arvensis	Le mouron des champs.
Veronica hederæfolia . . .	La véronique à feuilles de lierre.
Sinapis nigra	La moutarde noire.
Ervum hirsutum.	L'ers hérissé.

305. Les terrains *siliceux*, tels qu'on les rencontre à l'état de nature dans les plaines, présentent la Flore suivante :

Lotus corniculatus	Le lotier corniculé.
Campanula rotundifolia	La campanule à feuilles rondes.

306. Quand ils sont cultivés, elles cèdent la place aux suivantes :

Spergula arvensis	La spergule des champs.
Lamium purpureum. . . .	Le lamié pourpré.
Fumaria officinalis	La fumeterre officinale.
Thlaspi bursa pastoris . .	Le tabouret, bourse des pasteurs.
Scleranthus annuus. . . .	La gnavelle annuelle.
Gnaphalium Germanicum.	La gnaphale de Germanie.
Triticum repens	Le chiendent.

307. Les suivantes servent à distinguer un terrain d'une *argile sablonneuse* avec sous-sol *glaiseux*, tel qu'il existe naturellement dans les plaines :

Juncus effusus.	Le jonc diffus.
Achillea ptarmica	L'achillée sternutatoire.
Potentilla anserina	La potentille ansérine.
Artemisia vulgaris	L'armoise vulgaire.

308. Mis en culture, on y voit apparaître les mauvaises herbes ci-après :

Raphanus raphanistrum .	La ravenelle.
Rumex acetosella	La patience, petite oseille.
Chrysanthemum segetum .	La marguerite jaune.
Juncus buffonius.	Le jonc crapaud.

309. L'*argile sablonneuse* à sous-sol *perméable* offre la végétation suivante :

Genista scoparia.	Le genêt à balais.
Centaurea nigra.	La centaurée noire.
Galium verum	Le caille-lait vert.
Senecio Jacobœa.	Le seneçon Jacobée.

310. Cultivée, sa végétation se change en cette autre :

Mentha arvensis.	La menthe des champs.
Centaurea cyanus	La centaurée bleue (bluet).

Sherardia arvensis . . . . La shérarde des champs.
Lithospermum arvense . . Le grémil des champs.
Alchemilla vulgaris . . . . L'alchémille vulgaire.
Avena elatior . . . . L'avoine élevée.
Cnicus arvensis . . . . . . Le chardon des champs.

311. Les terres d'*alluvion*, telles qu'on les rencontre dans les plaines, offrent, dans leur état naturel, une végétation qui indique un sous-sol dur et une couche arable à l'état humide :

Arundo phragmites . . . . Le roseau à balais.
Juncus conglomeratus. . . Le jonc aggloméré.
Agrostis alba . . . . L'agrostide blanche.
Poa aquatica . . . . Le paturin aquatique.
Poa fluitans . . . . Le paturin flottant.

312. Toutes ces plantes disparaissent dès qu'on les cultive, à l'exception cependant du *roseau à balais*, qui persiste pendant des années et cela avec la culture la plus soignée. Mais pour peu qu'on néglige un semblable terrain, on voit immédiatement une herbe très-gênante, le chardon des champs.

313. Indépendamment des terres ci-dessus, on en trouve encore d'autres dans les plaines qui ne peuvent être soumises à l'action de la charrue, mais qui cependant sont couvertes d'un grand nombre de plantes caractéristiques, qu'il n'est pas rare de voir s'avancer sur le champ limitrophe. C'est ainsi que les semences de diverses espèces de plantes sont transportées du rivage de la mer et des dunes dans tout le voisinage.

fleuves et des lacs. Sur le *rivage de la mer*, on trouve fréquemment :

Silene maritima	La silène maritime.
Plantago maritima	Le plantain maritime.
Glaux maritima	Le glaux maritime.
Eryngium maritimum. . .	L'eryngium maritime.
Salsola kali	La soude potassique.

315. Sur le bord des lacs, on voit croître :

Prunella vulgaris	La prunelle vulgaire,
Rubus fructicosus	La ronce fructescente.
Bellis perennis.	La pâquerette, petite marguerite.
Plantago media	Le plantain moyen.

316. Sur les rives des *fleuves* croissent :

Anthyllis vulneraria . . .	L'anthyllide enflée.
Silene maritima	La silène maritime.
Polygonum aviculare . . .	La renouée traînasse.
Achillea millefolium. . . .	L'achillée mille-feuilles.
Achillea vulgaris	L'achillée vulgaire.
Galium verum	Le caille-lait vert.
Iberis nudicaulis.	L'ibéride à tige nue.
Linum catharticum	Le lin purgatif.
Saxifraga aizoïdes	Le saxifrage aizoïde.
Apargia autumnalis. . . .	La dent-de-lion automnale.

317. Du reste, la végétation languit toujours dans de pareils sols et est clair-semée. Il est vrai qu'elle devient luxuriante quand le temps est humide, mais, en revanche, elle est brûlée facilement par un temps sec.

318. Dans les sols *graveleux*, soit qu'ils aient été rejetés par les eaux, comme cela se voit communément dans les dépôts des plaines, ou qu'ils se présentent en sable graveleux, sous forme d'un gravier à arêtes saillantes, tel qu'on en trouve sur le versant des montagnes, la végétation diffère quelque peu de celle qui existe sur le rivage de la mer. Autour des *fosses à gravier* des plaines, on trouve d'ordinaire :

Polygonum aviculare . . .	La renouée traînasse.
Rumex acetosella	La patience, petite oseille.
Agrostis vulgaris	L'agrostide vulgaire.
Aira caryophylla	La canche caryophyllée.
Festuca duriuscula	La fétuque, faux-jonc.
Arenaria serpyllifolia. . .	La sabline à feuilles de serpolet.
Hieracium murorum . . .	La piloselle des murs.
Papaver dubium.	Le pavot douteux.
Papaver rhœas	Le coquelicot.
Polygonum convolvulus . .	La renouée, liseron.
Chenopodium urbicum . .	L'anserine des villes.
Lolium perenne	L'ivraie vivace.
Bromus mollis.	Le brôme mou.

319. Dans le *gravier du rivage de la mer* végètent les plantes maritimes suivantes :

Chenopodium maritimum.	L'anserine maritime.
Atriplex laciniata.	L'arroche laciniée.
Silene maritima.	La silène maritime.

320. Le *gravier* situé *le long du rivage des fleuves* est caractérisé par la végétation suivante, qui, du reste, permet de conclure à un sous-sol imperméable :

Juncus bufonius.	Le jonc des crapauds.
Juncus acutiflorus.	Le jonc à fleurs pointues.
Littorella lacustris	La littorelle des lacs.

qu'on trouve sur les Alpes dans des lieux semblables.

322. Le *sable mouvant* et les *dunes* ont aussi leur Flore propre, par exemple :

Arundo arenaria	Le roseau des sables.
Triticum junceum	Le froment joncé.
Festuca duriuscula	La fétuque, faux-jonc.
Carex arenaria	La laîche des sables.
Galium verum	Le caille-lait vert.

323. Cette végétation se mêle et se perd peu à peu dans la végétation du rivage de la mer, à mesure qu'on s'en rapproche et *vice versâ*, dans la Flore des champs arables à sol composé d'une argile légère, quand on pénètre plus avant dans les terres.

324. Les végétaux qui croissent dans un sol marécageux diffèrent suivant que le sous-sol est humide ou sec. Le sous-sol humide se compose d'une couche d'argile imperméable, et des terrains *marécageux humides* se reconnaissent aux plantes suivantes :

Salix repens	Le saule rampant.
Juncus squamosus	Le jonc écailleux.
Curpus cœspitosus	La curpe gazonnante.
Parnassia palustris	La parnasse des marais.

325. Les sols *marécageux secs*, qui renferment généralement une quantité notable de tourbe, se reconnaissent, quand le sous-sol est siliceux ou graveleux, aux plantes suivantes :

Genista anglica	Le genêt anglais.
Nardus stricta	Le nard serré.
Viola lutœa	La violette jaune.
Tormentilla erecta	La tormentille dressée.
Gnaphalium dioïcum . . .	Le gnaphalium dioïque.

326. Les *polders* de *l'intérieur* des terres sont carac-
térisés par les plantes ci-après :

Lychnis floscuculi . . . . . La lychnide des prés.
Menyanthes trifoliata . . . Le trèfle d'eau.
Caltha palustris . . . . . . Le populage des marais.
Veronica beccabunga . . . La véronique beccabunga.
Comarum palustre . . . . Le comaret des marais.

327. Sur les *polders* du voisinage de *la mer* végètent :

Triglochin maritimum . . . Le troxart maritime.
Poa decumbens . . . . . . Le paturin couché.
Carex pallescens . . . . . La laîche pâle.
Carex riparia . . . . La laîche des rives.

328. Quand les polders sont mis à sec et qu'on les cultive, on voit paraître de mauvaises herbes qu'il est extrêmement difficile d'extirper, telles que les :

Tussilago farfara . . . . . Le tussilage pas d'âne.
Petasites hybrida . . . . . La pétasite.
Galium aparine . . . . . . Le grateron.

329. La végétation des *sols tourbeux* ou *composés de
mousses* diffère également, suivant qu'ils sont secs ou
humides. Dans les lieux secs, on trouve :

Erica tetralix . . . . La bruyère des marécages.
Calluna vulgaris . . . . . La bruyère commune.
Agrostis canina . . . . . . L'agrostide des chiens.

330. Les sols tourbeux, *humides* et bas, sont souvent couverts de :

331. Lorsqu'on dessèche les sols tourbeux et qu'on les cultive ensuite, on voit pulluler le :

Bromus mollis. . . . . . . Le brôme mou.
Myosotis arvensis . . . . . Le myosote des champs.
Galium aparine . . . . . . Le grateron.

332. Dans les *pâturages montagneux*, on trouve une foule de plantes dont un petit nombre seulement permet de conclure à la hauteur de l'élévation au-dessus de la mer. Les espèces suivantes caractérisent les hauteurs *moyennes* :

Calluna vulgaris . . . . . La bruyère commune.
Dryas octopetala . . . . . La dryade à huit pétales.
Salix reticula . . . . Le saule réticulé.
Gnaphalium Alpinum. . . Le gnaphalium des Alpes.

333. Dans les pâturages *très-élevés*, on trouve dans les sols à mousses :

Calluna vulgaris . . . . . La bruyère commune.
Erica tetralix . . . . La bruyère des marécages.
Lycopodium clavatum. . . La lycopode à massue, soufre végétal.
Lycopodium Alpinum . . . La lycopode des Alpes.
Juncus squamosus . . . . . Le jonc écailleux.
Equisetum palustre . . . . La prêle des marais.
Surpus cœspitosus. . . . . La scirpe gazonnante.
Melica cœrulea . . . . . . La mélique bleue.
Sesleria cœrulea. . . . . . La seslerie bleue.

334. Les endroits *humides* de ces pâturages montagneux sont ordinairement reconnaissables à la végéta· tion suivante :

Juncus effusus . . . . Le jonc diffus.
Holcus mollis . . . . La houlque molle.

Carex cœspitosa. . . . . La laîche en gazon.
Juncus acutiflorus. . . . . . Le jonc à fleurs aiguës.
Carex panicea. . . . . La laîche panicée.
Hypnum palustre . . . . . Le hypne des marais.

335. Macgillivray fait observer, non sans raison, qu'à l'exception des sols sablonneux et tourbeux, il n'en existe point d'autres dont on puisse dire qu'ils portent une végétation caractéristique; mais ces deux terrains présentent, sous le rapport de l'aspect et des propriétés des plantes qui y croissent, la même différence qu'ils accusent dans leur composition mécanique et chimique, et il est rare que l'une ou l'autre soit commune à tous deux.

La bruyère commune, les bruyères cendrées et des marais permettent de conclure, d'une manière infaillible, à la présence de la tourbe, et le roseau des sables, le froment joncé et le caille-lait sont tout aussi invariablement caractéristiques des terrains sablonneux et meubles.

336. Une terre cultivée se reconnaît bien plus sûrement aux plantes adventices qui y croissent; aussi sont-elles d'une plus haute importance que celles qui y viennent à l'état naturel; mais, dans tous les cas, elles accusent bien plus l'état de fertilité du sol que sa composition, quoique cette dernière détermine également leur présence. C'est ainsi que les sols argileux, par exemple, sont reconnaissables aux graminées qui y pullulent et principalement aux fétuques, aux agros-

dique toujours un terrain graveleux, ainsi que la canche précoce et la petite oseille; mais, pour peu qu'il soit argileux, on voit prédominer les graminées.

338. Une bonne terre végétale se reconnaît à la présence des différentes espèces de trèfles et de vesces, ainsi que de la gesse des prés.

Le thym sauvage est toujours un signe que cette couche végétale n'a que peu d'épaisseur; au contraire, le seneçon vulgaire, indique que cette couche est profonde, et l'absence des moutons dans une contrée se voit au seneçon qui y pullule et dont ces animaux sont très-friands.

339. Le lin purgatif, le pissenlit, la piloselle oreille de souris et le caille-lait vert permettent de conclure à un sol sec.

340. Le jonc à fleurs aiguës, la lychnide *(floscuculi)*, indiquent un sous-sol très-humide.

341. Le lamié rouge et la prêle des marais dénotent que le sous-sol est imperméable.

342. Les genêts à balais sont le signe d'un sous-sol nuisible, tandis que l'ajonc marin indique un sous-sol de meilleure qualité.

343. La petite ortie brûlante, le rumex ou patience à feuilles tronquées, l'armoise vulgaire, le paturin annuel, le paturin des prés et la tanaisie vulgaire aiment à croître dans le voisinage des habitations et s'y développent sur les terrains les plus pauvres; tandis que dans le même lieu, mais seulement dans les prés, quoique également près des maisons, on voit paraître le trèfle rampant, le trèfle rouge, le paturin annuel, le

plantain moyen et lancéolé, la vesce des oiseaux et la pâquerette.

344. Le mouron des oiseaux et la fumeterre commune indiquent un sol riche.

345. La chrysanthème blanche (grande marguerite) accuse constamment un sol maigre, et un signe que le terrain manque d'engrais, c'est quand l'alchemille pied de lion est très-répandue.

346. Le chardon des champs est toujours une preuve du mauvais état de culture dans lequel le sol se trouve.

347. Pour peu que la tourbe se rencontre dans le sol, on peut être certain d'y voir apparaître la bruyère commune et l'orchis tachetée.

348. Les observations du docteur Singer, à cet égard, sont on ne peut plus fondées. « Des montagnes à flancs verdoyants et couverts d'une abondante végétation, mais où la bruyère fait défaut, accusent une terre forte qui, parfois, a acquis un haut degré de fertilité par l'effet d'un sous-sol imperméable, quoiqu'elle soit située très-haut et en pente. Par suite de cette propriété et des nombreux brouillards et averses, si favorables à ces pâtures de moutons, la production des graminées est extrêmement abondante. Les montagnes qui offrent à nos yeux une teinte d'un vert foncé et qui sont parsemées de bruyères, sont un indice que le sol est plus sec et le sous-sol moins imperméable. Il n'est pas rare d'y rencontrer des places d'un vert plus clair,

ces places sont nettement tranchés, on peut être certain que la cause en est au voisinage de quelque couche de glaise ou d'un autre sous-sol imperméable qui s'y trouve à fleur de terre, et, dès que le sous-sol devient plus perméable, l'on voit aussi cette nuance disparaître de nouveau... » Que les montagnes soient couvertes d'une végétation à teinte vert-clair ou foncé, dès que la fougère aquiline se présente en masse, on peut conclure à un sol profond et un sous-sol sec. Les bruyères rabougries indiquent que le sol a été déblayé en cet endroit, et là où la végétation prend en été une couleur brunâtre, on peut être certain que des roches s'y trouvent près de terre.

349. Si nous considérons sur une plus vaste échelle le rapport des plantes avec le sol, il est impossible que nous acquerrions la conviction que le grand principe de la nature qui sert de base à la végétation soit entièrement simple dans ses applications ; mais si nous le poursuivons dans ses détails, la diversité qui existe dans la création excite notre étonnement.

C'est toujours le même soleil qui appelle et qui entretient la vie des végétaux, la même terre qui les porte, la même humidité qui fait gonfler leurs cellules, le même air dans lequel ils vivent ; mais, au milieu de tous ces systèmes généraux, que les modifications qu'éprouvent les causes qui y prennent part sont différentes de leurs résultats variables !

350. **Structure mécanique du sol.** — C'est maintenant le moment d'examiner plus attentivement les différentes espèces de terres relativement à leurs

structure et à leur composition. Leur structure est mécanique et leur composition est chimique. Commençons par la structure mécanique. « Le sol, envisagé au point de vue de la science, dit le docteur Henri Madden, peut être décrit, eu égard à sa partie la plus importante, comme étant un mélange d'une substance pulvérulente d'une ténacité extrême avec une quantité plus ou moins grande de particules visibles de forme et de grandeur variables. On a démontré, par des recherches minutieuses, que, quoique ces particules visibles exercent aussi une action indirecte dont l'importance est telle, que leur présence est absolument nécessaire dans le sol, cependant c'est cette poudre fine seule qui a une influence directe sur la végétation. Elle se compose de deux séries de substances différentes, notamment de substances minérales et de substances *animales* ou *végétales* à différentes phases de décomposition.

Pour séparer ces deux classes de matières, la poudre extrêmement fine et les particules visibles, on possède un moyen extrêmement simple qui en même temps nous apprend à apprécier la véritable valeur d'un terrain. A l'exception de la glaise tenace, tous les sols peuvent être séparés de cette manière, et plus la quantité de cette substance pulvérulente est forte, plus aussi est grande, à circonstances égales, la fertilité d'un terrain.

351. Voici comment on procède : On prend un tube de verre d'environ deux pieds de long, fermé par un

qu'elle se trouve à deux pouces du fond et on ferme aussitôt l'ouverture supérieure avec un bouchon; on remue convenablement l'une dans l'autre l'eau et la terre, et on place alors le tube dans une position verticale, afin que la terre puisse se déposer. Par là, les particules les plus grosses tombent naturellement les premières comme étant plus pesantes, et les autres dans une succession régulière, jusqu'à ce que enfin la poudre fine se dépose et forme la couche supérieure. En examinant maintenant l'épaisseur relative des différentes couches, on obtient une analyse mécanique très-précise de cette terre.

352. Les pierres qui se rencontrent dans le sol ont, en général, la même composition que le sol même, et pendant qu'elles se décomposent petit à petit sous l'influence de l'air et de l'humidité, elles fournissent constamment au sol une nouvelle substance pulvérulente, ce qui est très-important quand on songe que les récoltes lui enlèvent annuellement une grande proportion de cette poudre minérale. C'est donc une fonction très-importante que les pierres remplissent dans le sol.

353. En considérant la nourriture des végétaux, nous trouvons qu'elle subit d'abord divers changements dans le sol avant qu'elle puisse être absorbée par les plantes, et la chimie nous apprend que c'est l'action combinée de l'air et de l'eau qui provoque ces changements. Il s'ensuit que tout sol doit être *poreux* Or, cette porosité est produite en partie par la présence dans le sol de substances d'un volume plus con-

sidérable, très-différentes de formes, ce qui empêche qu'elles ne se tassent trop fort et laissent entre elles des pores, ce qui permet la libre circulation de l'air et de l'eau dans le sol.

354. Comme la porosité d'un sol indique, jusqu'à un certain degré, sa propriété de retenir l'humidité, il est bon d'en déterminer la grandeur, ce qui a lieu de la manière suivante : Au lieu de verser d'abord l'eau dans le tube, comme il a été dit plus haut (351), et d'y introduire ensuite la terre, on prend une certaine quantité de cette dernière qu'on a séchée à environ 200° Fahr. On en remplit un tube bien essuyé, et on la secoue à différentes reprises sur la table, afin qu'elle se tasse bien dans le tube. Ceci fait, si la terre ne se resserre plus, on mesure exactement la hauteur qu'elle occupe dans le cylindre, on en ferme immédiatement l'ouverture avec un bouchon de liége et on le remue bien de haut en bas jusqu'à ce que la terre soit rede-venue meuble ; alors seulement on y ajoute l'eau comme nous l'avons dit à l'article 351. Quand la terre s'est convenablement déposée, on donne encore quelques secousses au tube et on mesure de nouveau la hauteur de la terre dans le cylindre à verre. La différence entre les deux hauteurs sera d'autant plus grande que les diverses molécules se sont plus gonflées par l'absorp-tion de l'humidité, et c'est à cela qu'on peut reconnaître le degré de porosité. Dans un sol d'une grande fertilité, cette augmentation de la masse s'élève au sixième de

fine sont très-compliquées, ce qui nous oblige à entrer dans quelques détails à cet égard. Dans cette partie du sol, les matières minérales et organiques sont si intimement unies qu'il est tout à fait impossible de les séparer, ce qui donne à penser qu'elles y sont combinées chimiquement. C'est dans ces éléments du sol que les plantes prennent toutes les substances minérales qu'elles contiennent, ainsi que toutes les substances organiques, en tant que leur absorption s'opère par les racines; et il est de fait que les plantes ne puisent autre chose dans le sol que de l'eau qui est saturée des éléments que nous allons maintenant examiner plus en détail.

356. Les particules qui forment cette masse extrèmement fine se rapprochent tellement les unes des autres, que la masse agit à la manière d'une éponge et est par conséquent en état d'absorber et de retenir des liquides. Par ce moyen, il devient possible que le sol reste encore humide, après une sécheresse continue, même très-près de sa surface, et nous n'avons pas besoin de faire remarquer combien cette propriété est favorable à la prospérité des plantes. C'est ainsi que cette action capillaire du sol les met à même de tirer constamment de la profondeur l'humidité nécessaire pendant les fortes chaleurs de l'été, tandis que, dans le cas contraire, elles ne tarderaient pas à se faner promptement.

357. Johnston dit au sujet de cette propriété du sol d'exercer une action semblable à la capillarité, et qui est ainsi une propriété toute mécanique, et sur la

manière dont cette action a lieu : « Quand surviennent des chaleurs, de sorte que la surface du sol se sèche promptement, l'eau, par suite de cette action monte de la profondeur et ramène avec elle les substances solubles qui se trouvent dans les couches inférieures, car l'eau n'est jamais à l'état de pureté. Une partie de cette eau se dégage immédiatement de la surface par l'action continue de l'évaporation, tout en laissant après elle les sels qu'elle tenait en solution, qui s'accumulent ainsi autour des racines des plantes et y forment une riche provision de substances solubles à leur portée. Cette action capillaire doit être de la plus haute importance dans les sols sablonneux et, en général, dans tous les sols légers dont les éléments sont d'une grande finesse, et ne contribue pas peu à leur assurer un revenu productif. Ces sols absorbent la pluie avec une étonnante rapidité, et celle-ci en pénétrant dans le sol y entraîne les substances solubles dans la profondeur, de telle sorte que quand le sol en est totalement trempé et que l'eau n'y peut plus pénétrer, mais qu'elle s'écoule à la surface, on n'a pas à craindre que la substance soluble se perde, puisqu'elle se trouve déjà dans la profondeur. S'il survient des sécheresses, l'eau remonte de la profondeur à la surface et pénètre, avec les substances qu'elle tient en solution, toute la couche supérieure du sol. »

358. « Une autre fonction de cette masse extrêmement fine, » dit le docteur Madden, « c'est sa

purin, tel qu'il s'écoule des tas de fumier et si l'on en arrose un pot à fleur, si fort que le liquide sort par l'ouverture du bas, on verra que ce dernier possède une teinte plus claire qu'auparavant, et cette action du sol est d'autant plus puissante que sa nature se rapproche davantage de celle d'un sous-sol. Or, comme cette couleur provient uniquement des matières organiques qui y étaient dissoutes, il s'ensuit que si l'eau a perdu de sa couleur, la cause en est à ce qu'elle a dû céder de sa matière organique; en d'autres termes, une partie de la substance organique qui était dissoute dans l'eau est entrée en *combinaison chimique* avec la masse minérale extrêmement fine qui se trouve dans le sol, et est devenue, par là, insoluble dans l'eau. Le principal avantage de tout cela, c'est qu'en apportant des substances organiques solubles au sol, celles-ci ne s'infiltrent pas toutes dans le sol avec l'eau, où elles se trouveraient hors de la portée des plantes, mais sont retenues par cette masse très-fine, et cela dans un état qui ne permet pas à la pluie de les dissoudre, tout en pouvant servir d'aliments aux plantes au fur et à mesure que celles-ci en ont besoin. »

359. Jusqu'à présent, nous nous sommes uniquement occupé des rapports *mécaniques* que les différentes substances ont les unes pour les autres, sans prendre en considération leur composition chimique. Cette dernière question, cependant de beaucoup la plus importante, est si difficile et si compliquée que nous devons nous borner à faire connaître aux cultivateurs les noms des diverses substances chimiques, leur va-

leur relative pour la fertilité du sol et la proportion dans laquelle elles doivent se trouver dans le sol pour que la récolte soit assurée; car il est à craindre que l'analyse d'un sol, pour constater la présence de ces matières, ne soit une opération qui dépasse la portée de celui qui n'est pas versé dans la chimie.

360. Composition chimique des terres. — Une terre heureusement constituée pour la végétation ne doit pas contenir moins de douze substances chimiques différentes, à savoir : la silice, l'alun, l'oxyde de fer, l'oxyde de manganèse, la chaux, la magnésie, la potasse, la soude, l'acide phosphorique, l'acide sulfurique, le chlore et la matière organique. Nous bornerons nos observations à l'importance relative qu'elles ont pour les plantes et à la proportion dans laquelle elle se trouvent dans le sol.

361. Silice. — Elle constitue le sable pur et se trouve également dans les sols glaiseux, pour environ 60 p. c. en moyenne, de telle sorte qu'elle se trouve en général renfermée dans tous les sols, dans la proportion de 75 à 95 p. c. Abstraction faite de son action mécanique, de l'appui qu'elle présente aux racines, elle est sans influence directe sur les plantes, quand elle n'est pas combinée avec d'autres corps. Mais comme elle possède les propriétés d'un acide, elle se combine avec différentes substances alcalines renfermées dans le sol, et forme avec elles des combinaisons qui sont nécessaires, en plus ou moins grande quantité, à la vie de toutes les plantes. L...

d'autres termes, les composés de la silice, et mieux encore de l'acide silicique avec les alcalis qu'on nomme potasse et soude.

362. **Alun.** — L'alun ne se rencontre pas pur dans le sol, mais forme une partie caractéristique de l'argile, quoiqu'il ne dépasse jamais 30 à 40 p. c. dans cette dernière. Cette substance n'exerce pas une action *chimique directe* sur la végétation et se trouve très-rarement dans les cendres des plantes. Son importance pour le sol consiste dans la propriété de renforcer la faculté d'absorber l'eau. Il existe dans les différentes espèces de terres dans la proportion de 1/2 à 13 p. c.

363. **Oxyde de fer.** — Le fer se rencontre dans les sols en deux combinaisons différentes avec l'oxygène sous forme de protoxyde, c'est-à-dire la combinaison la moins oxygénée, et sous forme de peroxyde, qui renferme un excès d'oxygène. Le premier est souvent très-nuisible à la végétation, à tel point que 1/2 p. c. de quelque sel soluble de cet oxyde dans le sol suffit pour le frapper de stérilité. Le peroyxde, au contraire, se retrouve fréquemment dans les cendres des plantes, quoiqu'en petite quantité. Les deux oxydes ensemble s'élèvent dans le sol de 1/2 à 10 p. c. Les teintes bleues, jaunes, rouges et brunes du sol sont dues plus ou moins à la présence du fer.

364. **Oxyde de manganèse.** — Il se rencontre dans presque tous les terrains, ainsi que dans quelques espèces de plantes. Du reste, il paraît n'exercer ni action chimique ni mécanique. On en trouve depuis de simples traces jusqu'à 1 1/2 p. c. dans les divers ter-

rains et il entre dans la formation de la teinte noire.

365. Ces quatre substances composent en plus grande partie la masse de toutes les terres, à l'exception cependant 'des terres calcaires et tourbeuses, quoique, au point de vue chimique, elles ne soient que d'une médiocre importance pour la vie végétale, tandis que les huit autres substances sont si absolument nécessaires qu'on ne peut espérer de mettre avec succès en culture un sol qui en est privé, à moins qu'on ne les apporte par des procédés artificiels là où elles manquent. Or, quand on songe que la quantité de l'une ou de l'autre s'élève à peine dans le sol à 1 p. c., il peut paraître étonnant que leur présence ait une signification si importante. La preuve la plus frappante de leur utilité pour les plantes se trouve dans ce fait, *que les cendres des végétaux en sont composées*; et comme il n'est pas possible qu'une plante prospère sans ses éléments inorganiques, c'est-à-dire sans *ses cendres*, on comprend qu'un sol ne saurait être fertile qu'à la condition de renfermer les éléments qui composent les cendres. Leur présence, en si minime quantité, rend les analyses de terres très-difficiles, et néanmoins on est obligé d'y avoir recours chaque fois qu'on veut s'assurer si une terre contient une certaine substance et dans quelle proportion. On peut se faire une idée de l'importance qu'il y a d'apporter la plus minutieuse exactitude dans ces sortes d'analyses, quand on réfléchit sur quelles masses étonnantes elles portent en agriculture.

avec 0,0002 p. c., c'est-à-dire avec 1/2000 p. c. seulement, qui est la proportion de l'acide sulfurique dans les sols frappés de stérilité, cette quantité s'élève à 80,64 livres par acre.

366. La potasse et la soude se rencontrent, en différentes proportions, dans les minéraux les plus communément répandus, d'où il suit que la quantité qui existe dans un sol peut être très-différente suivant le minéral qui leur a donné naissance. Dans le tableau suivant, j'ai rassemblé la proportion par 100 parties de ces alcalis dans quelques-uns de ces minéraux, et j'y ai ajouté en même temps un calcul superficiel de la quantité qui se trouve par acre, en admettant que le sol soit exclusivement composé de leurs minéraux et ait une profondeur de 10 pouces. Ces quantités dépassent toutes les prévisions.

NOM du MINÉRAL dont le sol est composé.	PROPORTION de L'ALCALI pour 100 parties.	NOM de L'ALCALI.	QUANTITÉ par ACRE ayant une profondeur de 10 pouces.
			Tonnes.
Feldspath	17,75	Potasse	422 18 2 0
Phonolithe. . . .	5,51 — 6,62	Potasse et soude.	71 17 2 0 — 143 13 0 0
Schiste argileux.	2,75 — 5,51	Potasse	55 18 3 0 — 71 17 2 2
Basalte	5,75 — 10,0	Potasse et soude.	17 0 0 7 — 25 7 3 7

367. Quiconque connaît la chimie posera tout naturellement cette question : comment se fait-il que ces alcalis n'aient pas été lessivés depuis longtemps par

les eaux de pluie, puisque tous deux sont si solubles dans l'eau ? En voici la cause qui peut en même temps nous servir comme une preuve de la sage prévoyance qui règne dans la nature, et qui ne souffre jamais que quelque chose qui peut être utile se perde, mais qu'il existe, au contraire, en quantité suffisante là où il est nécessaire.

368. Ces alcalis notamment se trouvent dans leurs roches respectives intimement unis à d'autres éléments qui exercent sur eux une force de cohésion très-grande, qui les met en état de résister parfaitement à l'action dissolvante de l'eau, tant que la masse reste entière. Mais quand celle-ci se désagrége peu à peu en une poudre très-fine, la cohésion s'en trouvera considérablement affaiblie, et l'alcali devient beaucoup plus soluble. C'est ainsi que les choses se passent à peu près dans tous les sols, tandis que les substances pierreuses forment dans le sol une abondante provision de ces matières précieuses ; mais dans un état où l'eau ne peut les entamer, la masse qui s'est réduite en une poudre extrêmement fine les renferme à l'état soluble où ils paraissent pouvoir servir aux besoins de la végétation.

369. Dans les roches que nous venons d'indiquer plus haut, ces alcalis sont constamment unis à de l'argile, pour laquelle ils ont une très-grande affinité. Il s'ensuit que plus la proportion d'argile est forte, plus les alcalis s'y rencontrent en plus grande quantité, mais dans un état peu accessible à l'

370. Analyse des terres. — Nous ne citerons qu'un seul exemple d'une analyse exacte d'un terrain, sans rien conclure de son degré de fertilité et seulement pour montrer l'extrême variété qui existe dans les éléments composants du sol.

	Couche arable proprement dite.	Sol ayant 5 pouc. de prof.	Sol ayant 20 pouc. de prof.
Matière organique et combinaisons hydratées . .	8,324	7,700	9,348
Acide humique.	2,798	3,911	3,428
Acide crénique.	0,771	0,731	0,037
Acide apocrénique. . . .	0,107	0,160	0,152
Potasse	1,026	1,430	1,521
Soude	1,972	2,069	1,937
Ammoniaque.	0,060	0,078	0,075
Chaux	4,092	5,096	2,480
Magnésie.	0,130	0,140	0,128
Peroxyde de fer	9,039	10,305	11,864
Protoxyde de fer.	0,350	0,563	0,200
Protoxyde de manganèse.	0,288	0,354	0,284
Alun	1,364	2,576	2,410
Acide phosphorique . . .	0,466	0,324	0,478
Acide sulfurique.	0,896	1,104	0,576
Acide carbonique	6,085	6,940	4,775
Chlore	1,240	1,382	1,418
Combinaisons siliciques solubles	2,340	2,496	2,286
Combinaisons siliciques insolubles.	57,646	54,706	55,372
Perte.	1,006	0,935	1,234
	1000	1000	1000

Cette analyse est celle d'un terrain de la nature de

ceux que, dans le nord de la Hollande, on gagne sur la mer par le moyen de digues, et sort du laboratoire de Mulder, à Utrecht, où elle a été faite par le chimiste Baumhauër.

371. En comparant les éléments constituants d'un pareil sol avec les substances minérales qui restent dans les cendres des plantes après la combustion, on voit que c'est particulièrement dans le sol que les végétaux puisent les alcalis, les acides minéraux et les substances terreuses.

Si ces éléments n'étaient pas nécessaires à la vie des plantes, il est tout simple que celles-ci ne les absorberaient pas ; et comme, par l'enlèvement des différentes récoltes, le sol se trouve avoir perdu une grande quantité de ces substances, il s'ensuit que, s'il ne contenait pas une abondante diversité de ces matières, les végétaux qui y croissent ne sauraient développer entièrement toutes leurs parties ; car, pour m'exprimer d'une manière chimique et rationnelle à la fois, on ne doit raisonnablement pas s'attendre qu'un sol fournisse d'abondantes récoltes, s'il ne contient en abondance chaque élément dont les plantes ont besoin pour leur complet développement.

372. Le but pratique de toutes les analyses de sols et de plantes est donc de nous faire connaître les différentes substances dont se composent les plantes culturales dans les diverses phases de leur développement et de nous indiquer exactement si nos terres contiennent ces substances en suffisante quantité. L'analyse des

mier, qui est de venir en aide au cultivateur dans le traitement des plantes pendant les diverses phases de leur végétation, et le second, qui lui apprend jusqu'à quel point les plantes épuisent ces diverses substances pour atteindre à leur perfection.

373. Jusqu'à présent, les chimistes ne se sont occupés que de la dernière de ces deux applications, et les efforts dirigés dans ce sens sont si peu considérables, que c'est à peine si nous savons combien la plante *entière* enlève au sol de ces éléments pour achever sa maturité. Nous pouvons bien dire que la science des éléments inorganiques contenus dans les plantes se trouve encore dans l'enfance et que la justesse des opinions que nous possédons à cet égard est encore très-douteuse.

374. Ceci apprend au cultivateur qu'il existe encore à ce sujet un vaste et intéressant champ à explorer, qui peut employer, pendant des années, les efforts du chimiste qui s'occupe de ces analyses, et que les sociétés d'agriculture dirigeraient avec succès une partie des moyens d'action dont elles disposent sur des recherches de ce genre, avant que chaque terrain, à l'état de culture ou à l'état naturel, et chaque espèce de plante, telle qu'elle se comporte dans son état de culture par rapport à son état sauvage, ait été examiné et analysé d'une manière exacte et précise.

375. **Éléments minéraux contenus dans les plantes par cent parties.** — Les exemples suivants serviront à les expliquer. Les céréales contiennent :

Dans 100 livres :	Les grains.	Balles.	Paille.
Froment	1,2 à 2,0	»	3,5 à 18,5
Orge	2,3 —3,8	»	5,2— 8,5
Avoine	2,6 —3,9	5 à 8	4,1— 9,2
Seigle	1,0 —2,4	5—8	2,4— 5,6
Riz	0,9 —1,7	14—25	»
Maïs	1,3	»	2,3— 6,5
Sarrasin	2,13	»	»
Millet	3,9	»	»
Fèves des champs . .	2,1 —4,0	»	3,1— 7,0
Pois des champs . . .	2,5 —3,0	7,1 (gousses)	4,3— 6,2
Vesces	2,4	»	»
Lentilles	2,06	»	»

			Lin.
Graines de lin	3,8 —4,63	»	4,5— 1,28

			Chanvre.
Graines de chènevis .	5,6	»	1,78
Graines de moutarde.	4,2 —4,3	»	»
Café	3,19	»	»

376. Les racines et les feuilles contiennent :

Dans 100 livres de :	Racines ou tubercules en vert ou sec.		Feuilles vertes ou séchées.	
Pomm. de terre .	0,8 à 1,1	3,2 à 4,6	1,8 à 2,5	18 à 25
Navets	0,6—0,8	6,0—8,0	1,5—2,9	14—20
Betteraves	»	6,3	»	»
Topinambours . .	»	6,0	»	»
Carottes	0,7	5,1	»	16—42
Panais	0,8	4,3	»	15—76

377. Les plantes fourragères renferment :

Dans 100 livres de :	Vert.	Sec.
Luzerne.	2,6	9,5
Trèfle rouge	1,6	7,5
Trèfle blanc	1,7	9,1
Raygrass	1,7	6,0
Spergule des champs.	»	2,3—6,8
Houlque	»	5r6—6,8
Paturin des prés . . .	»	6,2
Jonc	»	2,3

378. Les arbres contiennent :

Dans 100 livres de :	Bois.	Semences.	Feuilles sèches
Mélèze	0,33	5,0	6,0
Pin	0,14—0,19	4,98	2,0 —3,0
Sapin rouge.	0,25	4,47	3,15
Hêtre	0,14—0,60	»	4,2 —6,7
Saule	0,45	»	8,2
Bouleau.	0,34	»	5,0
Orme	1,88	»	11,8
Frêne. -	0,4 —0,6	»	»
Chêne.	0,21	»	4,5
Peuplier.	1,97	»	9,2
Genêt.	0,82	»	3,1
		Dans les fleurs.	
Houblon	5,0	10,90	16,3

379. Il ressort des exemples précités que la quantité de matière inorganique varie considérablement dans un même poids de plantes de la culture, et que même la proportion de celle qui est contenue dans les différentes parties d'une même plante n'est pas identique. Ceci ne saurait être un simple jeu du hasard ; car le fait est constamment le même dans tous les terrains et sous tous les climats, et doit conséquemment reposer sur quelque loi naturelle. Les différentes espèces de plantes doivent prendre dans le sol autant de substances inorganiques qu'elles en exigent pour le besoin de leur organisation. Les différentes parties de la plante ne s'assimilent de la quantité qui pénètre dans la cyclose générale par la voie des racines que tout juste ce qu'il faut pour exercer convenablement leurs fonctions respectives. Et de même que les diverses espèces de plantes enlèvent à un seul et même sol des proportions variées de sels et de substances terreuses, de même aussi leurs diverses parties, l'écorce, les feuilles, le bois et les semences enlèvent à l'ensemble du suc vital la quantité nécessaire à leur entier développement. Les plantes se comportent à l'égard des aliments inorganiques absolument de la même manière qu'à l'égard des aliments organiques. Les unes en prennent plus, les autres moins dans le sol, et les fleurs pour leur production n'en exigent qu'une très-faible partie en comparaison de ce qui est nécessaire à la formation des tiges et des feuilles.

380. « Deux observations peuvent encore être consignées ici, continue le professeur Johnston : puisque cette substance inorganique se retrouve constamment dans les plantes et dans toutes les circonstances, on ne saurait raisonnablement révoquer en doute qu'elle ne forme une partie essentielle du corps des plantes et

Ceci est clairement démontré par le fait suivant :
quand on place une jeune plante, qui est dans toute sa
vigueur, dans des circonstances où il ne lui est pas
possible de se procurer ces éléments inorganiques,
celle-ci ne tardera pas à languir et à périr. Si donc ces
substances sont absolument indispensables à la croissance des plantes, on doit aussi les considérer comme
faisant partie de la nourriture des plantes, et, par conséquent, quand nous apportons sur une terre des matières minérales, nous pouvons dire, avec tout autant
de raison, que nous y avons conduit des aliments pour
les plantes, que si nous fumions un sol avec le com-
post le plus efficace ou le meilleur fumier de ferme.

381. « Je dis ceci dans le but de combattre l'idée
erronée que les cultivateurs se font de l'action des substances minérales sur le sol. Par le mot *engrais*, ils
ne désignent, en général, que les substances qu'ils
croient servir de véritable *aliment* aux plantes, et ils
ne rangent aucunement dans cette catégorie les substances minérales, telles que la chaux, le plâtre, le
nitrate de soude, etc. Ces dernières, dont l'action sur
la végétation ne saurait être révoquée en doute, sont
ordinairement désignées sous le nom de *stimulants*. Je
crois qu'une désignation impropre ne contribue pas peu
à faire nourrir sur les choses des idées extrêmement
fausses et donne lieu à des fautes très-graves dans la
pratique ; aussi ne puis-je trop répéter que les plantes
trouvent une véritable nourriture dans les éléments
minéraux, et qu'on fume effectivement une terre et
qu'on l'améliore quand on y ajoute des substances que

l'expérience a démontré être très-favorables à la croissance des végétaux. »

382. Toutefois la chimie seule pouvait faire connaître que les substances inorganiques existent constamment dans les plantes, et cette découverte ne peut manquer d'exercer une influence très-importante sur toutes les observations ultérieures, ainsi que dans la pratique de la culture de nos plantes. « C'est elle qui a expliqué l'union étroite qui existe entre les plantes culturales et la nature, et la composition chimique du sol sur lequel elles végètent; c'est elle qui nous fait connaître tout ce que le sol doit contenir pour le besoin d'une culture donnée et comment nous devons l'améliorer pour le rendre propre à cet usage; c'est encore elle qui nous apprend quelles sont les substances fécondantes qui apportent au sol une fertilité durable, et quelles plantes lui enlèvent constamment de la nourriture sans rien lui restituer; c'est elle qui nous éclaircit l'action que les substances minérales exercent sur les végétaux et qui nous démontre qu'ils se nourrissent en effet, jusqu'à un certain degré, des matières inorganiques sans vie; bref, elle a porté la lumière d'une manière toute neuve et inattendue dans presque toutes les opérations agricoles. »

383. Quant aux grands avantages qui résulteront pour le cultivateur de la recherche exacte des éléments constitutifs des plantes par le secours de la chimie analytique, Liebig les fait ressortir de la manière sui-

variés et en les analysant, nous saurons quels sont les éléments qui varient dans ces sortes de plantes et quels autres y restent constants. Nous arriverons à une connaissance exacte de la somme des éléments qui sont enlevés au sol par les différentes récoltes. Par là, le cultivateur pourra, absolument comme dans une manufacture bien conduite, tenir une comptabilité sur chacune de ses terres et préciser d'avance, d'une manière exacte, la nature et la quantité des substances qu'il doit y apporter pour les remettre dans leur état primitif de fécondité, suivant la quantité des produits qu'on a récoltés; il saura exprimer exactement en livres combien il doit donner de l'un ou l'autre élément du sol, afin d'en accroître la fertilité pour certaines espèces de plantes. Ces recherches sont devenues un besoin de notre époque, et nous arriverons en peu d'années, par les efforts combinés des chimistes de tous les pays, à la solution de ce problème et, par le secours d'agriculteurs éclairés, à un système rationnel de culture assis sur des principes fixes et applicable dans tous les pays et sur toute espèce de terre. » (Liebig, *Chimie agricole*.)

384. Classification des terres. — Une classification exacte et méthodique des différentes espèces de terrains en faciliterait beaucoup la description pour les écrivains agronomiques, ainsi que la connaissance de leurs caractères pour ceux qui s'adonnent à la lecture des ouvrages d'agriculture. A défaut d'une semblable classification, les cultivateurs en ont établi une autre qui paraît répondre à toutes les exigences de la pratique. C'est ainsi qu'ils appellent un sol qui, au point de vue de la science, serait représenté comme ayant une composition où l'argile ou le sable prédomine, une terre forte ou légère ; et, pour désigner si un sol est brûlant ou tenace, ils citent les plantes auxquelles il convient plus particulièrement, comme, par exemple, les navets pour le premier et le froment pour le second ; mais naturellement les expressions, toutes de convention, de terre à navets, terre à froment, ne peuvent être comprises que de ceux qui sont initiés à la pratique de l'agriculture et ne fournissent pas une idée bien nette aux autres.

385. Si les différentes espèces de terres avaient des caractères déterminés d'une manière précise, comme les minéraux, on pourrait leur appliquer la nomenclature minéralogique, mais comme elles sont si différentes d'aspect et de texture, il est impossible de se servir de règles fixes pour leur description.

386. Or, si l'on ne peut pas même employer les caractères extérieurs pour donner une description exacte des terrains, leur composition chimique conviendra encore moins pour servir de base à une classification qui doit servir au cultivateur praticien. Les essais chimiques ne peuvent être appliqués que quand il s'agit de l'analyse d'une terre, et vouloir analyser un sol avant qu'on soit à même d'en donner une description exacte et facile à comprendre, c'est poser une barrière pour le praticien qui l'empêchera d'acquérir la moindre connaissance de ses caractères distinctifs.

cette question, c'est le projet d'une classification des terres par de Gasparin, qui, tout en prenant pour base quelques différences chimiques pour établir la nature des terrains, s'est principalement attaché à étudier profondément et à faire ressortir la manière dont ils se comportent comme sols arables. Par ce moyen, il est arrivé aux conclusions suivantes par rapport à la valeur relative des caractères des différentes espèces de terre : « Ce n'est que quand nous avons déterminé pour quel genre de plantes un sol convient, dit cet auteur, que nous pouvons savoir quelle préparation et quelle amélioration il comporte. La recherche de la culture qui convient à tel ou tel sol est intimement liée à la classification la plus naturelle des terres, considérées au point de vue minéralogique; elle met en lumière les affinités les moins naturelles qui existent entre les terrains et permet d'en donner une description exacte. »

388. Voulant réaliser pratiquement son principe, de Gasparin forme des diverses espèces de terres deux divisions : la première comprend celles à base *minéralogique* ou *inorganique;* la seconde celles à base *organique.* La première division est de nouveau partagée en quatre classes, à savoir : les *terrains salins,* les *terrains siliceux,* les *terrains argileux* et les *terrains calcaires* et *magnésiens.*

389. Le caractère des terrains *salins* est d'avoir un goût salé ou styptique et de renfermer au moins 0,005 partie de chlorure de sodium ou de sulfate de fer. Ceux-ci se divisent de nouveau à leur tour en terrains à sels et à acide sulfurique.

390. Le caractère des terrains *siliceux* est de ne pas faire effervescence avec les acides et de laisser, quand on les triture, au moins 0,70 p. c. de particules grossières qui se déposent au fond quand on remue fortement l'eau qui tient en solution la terre.

391. On reconnaît les terrains *argileux* à ce qu'ils ne font point effervescence avec les acides et, qu'étant triturés, ils laissent moins de 0,70 p. c. de parties grossières.

392. Le caractère des terrains *calcaires* et *magnésiens* est de faire effervescence avec les acides et de présenter, quand ils sont dissous, des traces de chaux ou de magnésie, ou bien l'un et l'autre. Cette classe se subdivise de nouveau en cinq ordres, notamment les *crayeux*, les *sablonneux*, les *argileux*, les *marneux* et les *loams*. Les marnes sont encore classées en deux catégories, notamment en marnes calcaires et en marnes argileuses.

393. La seconde des deux grandes divisions qui embrasse les terrains à base *organique*, est aussi partagée en deux classes : en terres *franches* et en terres *acides*.

394. Une terre *franche* est reconnaissable en ce que l'eau dans laquelle on a laissé digérer ou bouillir la terre ne rougit pas le papier de tournesol.

395. La terre *acide*, au contraire, rougit le papier de tournesol dans les mêmes circonstances.

396. Nous avons fait remarquer précédemment que de Gasparin avait établi des règles pour la description

un simple coup d'œil pour comprendre de quelle précision et de quelle exactitude est susceptible l'idée d'une semblable classification, et cela d'une façon qui ne peut être méconnue par aucun cultivateur. Cependant, quelle que soit l'utilité dont les indications de de Gasparin ont été pour l'agriculture, en tant qu'elles ont fait connaître exactement la route à suivre, il n'est pas parvenu jusqu'à présent à fournir une description des terres à l'abri de toute critique. Pour s'en convaincre, nous allons soumettre à un examen plus attentif les règles qu'il a posées plus haut. Il dit, par exemple, que ce qui caractérise les terrains argileux, c'est qu'ils ne font point effervescence avec les acides et qu'ils contiennent en les triturant moins de 0,70 p. c. de parties grossières, et que les terrains siliceux ne font également point effervescence avec les acides, tout en laissant, quand ils sont triturés, au moins 0,70 p. c. de parties grossières. A coup sûr, la simple différence de « au moins » et de « moins de » 0,70 p. c. de l'une ou l'autre substance ne suffit pas pour préciser la grande différence qui, dans la pratique de l'agriculture, existe entre les terrains argileux et siliceux. Du reste, de Gasparin ne réunit point ensemble les loams et les terrains argileux comme d'autres l'ont fait; ses *loams* ne renferment qu'un peu « plus de 0,10 p. c. de leur poids en alumine, » tandis que les terrains argileux ne contiennent qu'un peu « moins de 0,70 p. c. de la même substance, » qui se laisse séparer par le frottement, ce qui établit une grande différence dans le caractère de ces deux espèces de terres.

397. De Gasparin ne se trompe point quand il dit que l'étude des faits agricoles se trouverait beaucoup simplifiée par une nomenclature et une classification exactes des différents terrains ; que les procédés culturaux des contrées éloignées ne nous étonneraient plus tant et deviendraient plus clairs ; que nous comprendrions bien mieux les considérations sur les limites ou l'extension assignées aux différentes cultures, et que, par là, l'union si nécessaire entre l'agriculture comme science et les autres sciences naturelles se trouverait rétablie, ce qui aurait pour effet de rendre la première d'un accès plus facile et de la faire profiter bien plus tôt des progrès qui s'accomplissent dans les autres branches des connaissances humaines.

398. **Formation des terrains.** — Beaucoup de géologues paraissent considérer l'existence des différentes espèces de terres comme une chose extrêmement simple et prétendent qu'elles accusent facilement dans leur composition la roche sur laquelle elles reposent. C'est ainsi que Morton dit « que la superficie du sol a une nature et une couleur identiques à celles du sous-sol sur lequel il repose. Dans chaque localité, le principal minéral d'un terrain se compose des éléments de la formation géologique de sa profondeur ; c'est ainsi que nous trouvons des terrains argileux sur les différentes formations alumineuses, des terrains calcaires sur la formation crétacée, des terrains oolithiques et siliceux sur les différentes formations de

il est rouge ; et au-dessus du sable ou de l'argile, sa couleur est à peu près la même que celle du sous-sol. L'atmosphère exerce une influence sur la chaux, la potasse et le fer, qui se trouvent contenus dans une pareille roche en proportions différentes, et c'est ainsi qu'elle éprouve une décomposition ; une partie en forme la masse extrêmement fine, une autre partie se transforme en sable et le restant demeure à l'état de gravier et de gros morceaux. La couche supérieure du sol se compose des mêmes éléments que le sous-sol, auxquels se trouvent en outre mélangées des substances animales à différentes phases de décomposition, qui y sont intimement mêlées ; et quand il se présente un changement dans les couches de la profondeur, on aperçoit également un changement dans les couches supérieures, ce qui démontre parfaitement que la terre arable est immédiatement formée par la roche sous-jacente. »

399. Un autre auteur, du nom de Whitley, exprime son opinion sur la formation des terrains de la manière suivante : « L'action ordinaire de l'atmosphère ne me paraît pas suffisante pour opérer des changements tels qu'on les remarque à la surface du globe ; car si nous examinons les roches granitiques, nous trouvons que des mousses et des lichens en couvrent la surface et forment, en se décomposant, une légère couche de terre végétale, sur laquelle les intempéries de l'air n'ont que peu de prise. La simple influence atmosphérique serait encore beaucoup moins en état d'opérer des changements de cette nature sur une vaste étendue.

Nous nous voyons donc forcés d'admettre que quelque
agent plus puissant y est mis en jeu, et les autres
phénomènes qui ont du rapport avec celui-ci ne peuvent
être expliqués avec quelque vraisemblance qu'en supposant qu'une masse énorme d'eau s'est précipitée
sur la terre, et qu'elle en a lacéré et fendillé la surface
à une profondeur considérable. Par là, les éléments qui
composent actuellement le sol et le sous-sol sont restés
suspendus dans l'eau jusqu'à ce qu'à la fin les parties les
plus grossières et les plus pesantes se soient déposées
les premières, ensuite les couches argileuses et enfin
la matière terreuse la plus fine... Toutefois l'on ne
doit pas omettre ici la décomposition générale des
roches par suite des influences atmosphériques ou chimiques, car la dernière a dû exercer des changements
considérables avant la catastrophe de la submersion,
et c'est elle qui renouvelle et augmente encore continuellement le sol arable. On doit envisager la désagrégation constante des roches comme le moyen qui engendre les masses de terres, puisqu'elle remplace tout
ce qui est sans cesse entraîné par l'action de l'eau. »
Whitley dit ensuite, plus loin, que dans les grandes ca-
tastrophes les eaux ont détaché des masses entières de la
surface du globe, qu'elles ont été déposer dans des
lieux plus bas; toutefois, chose étrange, cet auteur
arrive à la même conclusion que Morton, notamment
que les différentes espèces de terrains proviennent des
roches situées immédiatement dans la profondeur.
(Voyez Whitley, Application of geology to agriculture.)

page 485, partage à peu près l'opinion de Whitley sur la formation des terres, quoiqu'il diffère souvent dans l'explication des détails.

401. A mon avis, dit Stephens, l'explication de la formation des différentes espèces de terres n'est pas aussi simple que les auteurs que nous venons de citer veulent bien le croire. Jusqu'à présent, les géologues ont accordé trop peu d'attention à la proportion des éléments meubles qui composent la croûte du globe. Quant à la proportion des roches dures qui entrent dans la composition du globe, les opinions sont unanimes, mais il n'en est pas de même des moyens par lesquels peut avoir été déposée l'énorme masse de substances meubles dans la position où nous les voyons actuellement. Ces masses d'argile, de sable et de cailloux n'ont aucun rapport intime les unes avec les autres, comme c'est le cas pour les roches dures, et, par conséquent, il est manifeste qu'en se déposant, elles n'ont suivi d'autres lois que celles de la pesanteur. C'est le manque d'ordre qu'on observe dans ces sédiments qui combat la justesse de l'opinion émise par les précédents géologues.

402. Quand la série des roches meubles est complète, elle comporte trois divisions : la partie la plus âgée, et qui est située le plus bas est fréquemment désignée sous le nom de *diluvium* (expression peu convenable, puisqu'elle porte à la pensée l'idée qu'elle a été formée par le déluge de Noé), pourrait bien être antérieure de beaucoup au déluge. On ne doit pas non plus lui appliquer la dénomination d'*alluvium*, d'après

la définition que Leyell donne de ces dépôts quand il dit qu'elle se compose de substances qui ont été transportées d'un lieu dans un autre par les fleuves, rivières ou autres causes qui les ont déposées sur un sol qui n'a pas été *constamment* submergé par l'eau des lacs ou des mers. Je dis *constamment* pour distinguer entre *l'alluvium* et les dépôts qui se sont formés régulièrement sous les eaux. Ces sédiments réguliers se trouvent accumulés dans les lacs ou dans des lieux situés plus bas que la mer, tandis que les *alluvium* se trouvent dans le lit des fleuves et des rivières, là où rien ne vient troubler la tranquillité. (Leyell, *Principes de géologie*, 3ᵉ volume, page 218.) Ce qui a été autrefois appelé *diluvium* doit plutôt être distingué sous le nom de dépôts subaqueux, et il se trouve composé en majeure partie d'argile et de gravier, ou de sable en masses d'une puissance et d'une étendue considérables. Ces dépôts pourraient bien être composés de substances qui ont été déplacées de leur endroit primitif pour être transportées où elles se trouvent actuellement, et qui auraient donné des roches dures d'alun et de silice si elles avaient pu rester en place. Dès que ces dépôts subaqueux sont exposés à l'action de l'atmosphère, il se forme facilement à leur surface une terre arable.

403. De véritables dépôts d'alluvium s'élèvent peu à peu par stratifications successives, au-dessus des eaux, d'où ils sont sortis. On peut venir artificielle-

fluences atmosphériques y créent bientôt un sol arable.

404. La troisième série de terrains est formée par la couche supérieure appelée *terre végétale*; elle provient directement de la végétation et ne saurait se produire qu'alors que l'un ou l'autre des terrains précédents s'est trouvé dans des circonstances favorables à la végétation, c'est-à-dire quand ils ont été exposés à l'influence atmosphérique. La terre végétale ne se montre jamais qu'à la surface et repose sur les dépôts subaqueux, là où l'alluvium manque, et, quand l'un ou l'autre de ces terrains fait défaut, elle se forme sur la roche dure, dès que celle-ci est soumise à l'action de l'air.

405. Là où le dernier phénomène se présente, la terre végétale est de même très-propre à la culture, dès que la roche du sous-sol est perméable et n'offre point une pente trop rapide, comme on peut rencontrer çà et là des terres arables sur le grès, le calcaire et sur les roches trapéennes et crétacées. Mais quand elle se trouve sur une roche imperméable, elle se transforme, dans les lieux bas, en une substance spongieuse et humide, où ne réussissent que des plantes qui croissent à moitié dans l'eau, tandis que, dans les lieux élevés, elle se transforme en tourbe, deux espèces de terrains qui conviennent également peu à la culture. Quand la terre végétale repose immédiatement sur un dépôt subaqueux composé de terre glaise, elle porte une végétation de peu de valeur; et quand l'eau ne peut pas facilement s'en écouler, il se forme, par l'accumulation successive des différentes plantes maréca-

geuses, un terrain marécageux. Si, au contraire, la terre végétale se produit sur un dépôt siliceux, la végétation en sera fine et serrée et conviendra parfaitement aux moutons. Sur un pareil terrain, l'eau ne séjourne jamais, pas même après les plus fortes pluies. Là où la terre végétale recouvre un dépôt d'alluvion, quelle que soit sa composition, elle forme constamment un terrain riche et puissant, qui se montrera sec quand le dépôt est sablonneux ou graveleux, et plus humide quand il est composé d'argile.

406. Quoique la terre végétale puisse également se produire sur les roches dures de la surface, cependant la partie de beaucoup la plus grande du sol arable se trouve déposée sur les roches meubles. Nous employons ici l'expression de « roches » dans le sens des géologues, qui ne désignent pas seulement par là les roches vraies telles qu'on les conçoit d'ordinaire, mais encore les diverses couches, dépôts et masses de sable, gravier, schiste, marne ou argile, telles qu'elles se présentent dans la croûte du globe. Une étude approfondie de ces dépôts, qui ont des rapports si directs avec l'agriculture, fournit la conviction que, dans les lieux bas, le sol arable ne doit pas en général son existence aux roches dures sur lesquelles il peut reposer accidentellement, mais que c'est l'eau qui l'a transporté de loin pour le déposer au lieu où il se trouve actuellement.

407. Il existe de grandes étendues de terrains qui

En effet, il n'est pas rare de rencontrer des terrains, d'une composition extrêmement variée, s'étendant à la surface de roches, d'une puissance considérable, qui forment une masse presque homogène; et, d'autre part, on trouve des terrains d'une constitution presque uniforme dans des contrées où les roches de la profondeur présentent des propriétés chimiques et géologiques tout autres et extrêmement variées. Il est, en outre, des étendues de terrains dont la valeur comme terre arable dépend essentiellement de la présence d'une couche de gravier entre le sol et le sous-sol; car là où elle existe, elle constitue une espèce de drainage général, tandis qu'on peut à peine cultiver le terrain avec la charrue quand elle fait défaut. Dans ce cas, la roche de la profondeur est du grès; mais il serait difficile de montrer une sorte de parenté entre elle et l'une ou l'autre des couches qui repose sur elle.

408. Que dire, en outre, de l'énorme quantité de substances solides qui, après avoir été suspendues pendant quelque temps dans l'eau des fleuves, est ensuite déposée à leur embouchure ou descend au fond de la mer? Tout ce qui ainsi amené par les eaux du Rhin est déposé en Hollande, même avant que le fleuve ait atteint la mer, est si considérable qu'on peut admettre qu'il est à même de former, dans l'espace de 2,000 ans, une étendue de terrain d'une aune d'épaisseur et de 36 milles carrés de superficie. Le gigantesque delta du Gange, dont la pointe s'avance à 220 milles dans l'intérieur des terres et dont la base se prolonge sur une étendue de 200 milles le long des côtes, forme une

surface de 20,000 milles carrés, entièrement composée de terre nouvellement apportée par les eaux. L'énorme marais qui s'est produit le long des côtes de la Guyane, dans l'Amérique du Sud, par les dépôts de boue que le fleuve des Amazones apporte dans ces parages où la mer est peu profonde, se transforme extraordinairement vite en une masse terreuse qui possède de la consistance. Nous pourrions multiplier les exemples de ce genre. Dès lors, peut-on dire avec raison que ces prodigieux dépôts de terres proviennent des roches dures sur lesquelles ils reposent accidentellement?

409. On ne saurait révoquer en doute que l'influence chimique de l'air et la force physique de la pluie, du froid et du vent exercent une action visible sur les roches même les plus dures; cependant cette action doit être bien plus puissante encore sur les roches meubles. L'ensemble de ces causes est tout au plus en état d'engendrer une légère couche de terre à la surface d'une roche dure, quand celle-ci se trouve dans la région des phanérogames, puisqu'elle se couvrira immédiatement de plantes qui préserveront aussitôt les roches contre l'action de ces influences, de telle sorte qu'une formation ultérieure de terrains, indépendamment de ce qui résulte de la décomposition des végétaux, s'en trouvera du moins fortement ralentie. Même sous les tropiques, où la végétation est extrêmement luxuriante, la couche de terre végétale ne s'accroît pas notablement, quoique la masse de

devrait former une masse beaucoup plus grande en circuit que l'étendue qu'un banc de corail peut acquérir dans le même espace de temps; cependant, quoique ce phénomène ne cesse de se produire sur la terre ferme, on ne voit nulle part s'élever des montagnes de bois putréfié, etc., ou s'avancer dans les mers sous forme de promontoires. Toute cette masse solide est ou dévorée par les animaux, ou décomposée en ses éléments gazeux, ainsi qu'une partie même de la terre sur laquelle végètent les animaux et les végétaux. Par ce motif, l'accumulation d'une grande masse de terre est impossible dans les régions tropicales et il en est de même dans les régions plus froides.

410. Nous devons donc trouver l'un ou l'autre agent qui exerce une action plus puissante sur les roches dures que les éléments ordinaires de l'atmosphère, si nous voulons arriver à une explication satisfaisante de la formation des terres. Cet agent est l'eau; mais dès que nous admettons que l'eau peut transporter au loin les parties désagrégées des roches et que celles-ci se déposent par suite de l'un ou l'autre obstacle, nous devons abandonner l'idée que le sol se soit formé par la désagrégation des roches dures dans leur profondeur.

411. Bien plus, n'est-il pas plus probable que si les roches de sédiment provenaient de l'eau, les couches supérieures de la matière d'où elles ont commencé à se former ne se seraient jamais durcies, probablement parce qu'aucune pression ne s'exerçait d'en haut? Les courants de grande force auraient pu bien plus facilement les emporter et les déposer çà et là en stratifi-

cations mécaniques, et non point dans la forme cristalline d'une roche dure. Tout le diluvium ne pourrait-il pas s'être formé de cette manière, au lieu d'admettre qu'il résulte de la désagrégation lente des roches dures? On comprend très-bien que là où des roches dures, telles que la craie, le grès, le calcaire, ont été mises à nu par suite de l'eau qui s'est retirée, et exposées aux influences atmosphériques, leur face supérieure se soit transformée petit à petit en une couche arable; mais que cette influence atmosphérique ait été plus puissante que toute autre, voilà ce qu'on peut révoquer en doute.

412. Une fois que nous sommes engagés dans le champ des hypothèses, pourquoi ne pas nous aventurer encore un peu plus loin et nous représenter les choses de la manière suivante : Puisque la structure et l'aspect des couches modernes d'argile et de sable ont tant de ressemblance avec les stratifications des roches primitives qui se sont durcies, pourquoi ces dépôts n'ont-ils pas tous été produits par le fond de la mer et ne se sont-ils pas durcis? que ce soit parce qu'aucune pression assez forte ne se soit exercée d'en haut, ou qu'en bas la chaleur nécessaire ait manqué, ou bien que ces deux causes n'aient pas agi simultanément; peut-être aussi que, par suite de l'élévation générale qui aurait eu lieu postérieurement dans les roches devenues dures par l'expulsion au dehors des roches formées par fusion (probablement le granit, qui est la roche ignée la plus

durcies et auraient été emportées de leur position au-dessus des roches dures par des courants très-puissants qui se seraient formés dans l'Océan par suite de cette élévation générale. Ces parties supérieures ont pu de nouveau être déposées par les eaux aux endroits les plus tranquilles, où elles peuvent couvrir d'autres roches meubles non durcies encore, suivant que le hasard en a disposé. En adoptant cette hypothèse, on arrive à une explication plus satisfaisante de l'existence de la masse énorme de dépôts d'alluvion qui se trouvent sur la terre qu'en admettant la désagrégation des roches dures par suite de l'influence des causes atmosphériques ordinaires encore existantes de nos jours; car pour ce qui est des grands changements dont il a été question plus haut, et qui doivent leur existence aux fleuves, nous ne devons pas perdre de vue que ces effets visibles de l'action de l'eau ne se sont pas produits, sur une échelle un peu grande, dans les masses en voie de décomposition, ainsi que dans les roches dures.

413. Eu égard à ces conjectures, l'explication que Johnston donne de l'existence des terrains est ce qu'il y a de plus de clair pour le cultivateur : « Dans un grand nombre de lieux, les roches nues apparaissent au jour à la surface de la terre, sur des étendues considérables, et ne sont pas recouvertes de la plus petite couche de substances meubles qui pourraient donner naissance à une terre végétale; là notamment où l'on trouve des montagnes granitiques et dans le voisinage de volcans éteints ou encore en activité, où, comme en

Sicile, des courants de lave nue se traînent au milieu d'une surface verte sous forme de longues lignes noires ; mais dans nos îles et sur nos continents, ces roches sont couvertes d'une accumulation plus ou moins épaisse de matières meubles, telles que sable, gravier et particulièrement de l'argile, dont la couche supérieure est plus ou moins susceptible d'être cultivée et récompense de quelque produit les travaux que l'homme y consacre. Tantôt cette couche n'a que quelques pouces d'épaisseur, d'autres fois plusieurs pieds de puissance, et on a reconnu qu'elle se compose de plusieurs dépôts superposés, comme, par exemple, une couche d'argile sur une couche de sable ou de gravier et au-dessus ou au-dessous de ces deux dépôts encore une couche de glaise. Suivant que l'une ou l'autre de ces couches se trouve à la partie supérieure, ce sol possède des caractères et des propriétés différentes, qui d'ailleurs peuvent être souvent changées et améliorées, en ramenant prudemment à la surface une partie de la couche inférieure. Cette accumulation de terrain, qui, comme nous avons dit, forme parfois à la surface des roches dures une couche de plusieurs centaines de pieds de puissance, se compose de matières qui ont été amenées par l'eau, le vent ou par d'autres forces. Souvent ces accumulations se composent d'une poudre si fine qu'il n'est plus possible d'en distinguer l'origine. Cependant il s'y rencontre constamment des morceaux d'un volume plus ou moins considérable, qui fournissent à un bon géo-

Par conséquent, on peut très-bien tirer la conclusion générale que la masse terreuse de toutes les espèces de sols provient de la désagrégation et de la décomposition permanente des roches primitives. Il est clair que là où un pareil terrain repose sur la roche qui lui a donné naissance, il doit présenter avec elle une analogie plus ou moins marquée dans ses divers éléments, et que là où le sol se compose de substances apportées par les eaux et n'y forme que la couche supérieure, quoique celle-ci soit d'une épaisseur considérable, il n'offre aucune espèce d'affinité, ni dans ses caractères minéralogiques, ni dans sa composition chimique, avec les roches qui se trouvent au-dessous d'elle.

414. Jusqu'à présent, je me suis abstenu de parler de la *fertilité* des différentes espèces de terres, puisque cette question appartient plutôt à l'étude des engrais. En observant la composition chimique d'un sol d'une fertilité reconnue, nous obtiendrons un guide qui nous mettra à même de faire arriver à la même fertilité les autres terrains par des procédés artificiels. Du reste, les préoccupations que nous dirigerions dans ce sens ne tarderaient pas à rencontrer une limite, en tant qu'une certaine proportion de cette substance très-fine, dont il a été question précédemment, est indispensable à la fertilité d'un terrain. Mais comment pouvons-nous produire cette substance? En attendant, puisque la présence de ce corps rend le sol mécaniquement propre à la culture des plantes, l'analyse chimique, fournit la preuve la moins équivoque de la valeur absolue qu'il possède aux yeux du cultivateur. Aussi l'étude des ter-

rains est-elle une question extrêmement intéressante pour le cultivateur.

415. Zoologie. — Elle nous apprend la classification et nous instruit de tout ce qui est relatif aux animaux, depuis les plus simples jusqu'aux plus compliqués en organisation, tel que l'homme. L'histoire naturelle et les mœurs des quadrupèdes et des oiseaux, qui appartiennent à une exploitation rurale, doivent exciter au plus haut point l'intérêt du cultivateur, et quand même leur étude ne lui fournirait aucune instruction pratique sur l'éducation des animaux domestiques, elle lui donnerait cependant un aperçu général sur l'économie interne et sur l'affinité que les différentes classes ont entre elles.

416. Un grand nombre de nos animaux indigènes, mammifères, oiseaux ou insectes, sont nuisibles pour le cultivateur à certaines époques de l'année et utiles à d'autres. On doit donc étudier, d'une manière approfondie, comment ils se comportent dans les différentes saisons. La belette, par exemple, dévore les œufs et les poulets, mais elle fait aussi, sur les greniers et dans les granges, une guerre acharnée aux rats et aux souris, qui dans une ferme peuvent occasionner de grands dégâts. Le freux ou corneille moissonneuse et d'autres petits oiseaux qui se tiennent dans les haies font une grande consommation de grains quand les blés commencent à mûrir, mais ils détruisent aussi des myriades d'insectes dans le temps qu'ils ont des petits.

une espèce de coléoptères, par exemple, qui détruit d'énormes masses d'aphis qui font beaucoup de tort aux plantes et aux arbres, tandis même qu'elle ne cause aucun dégât dans aucun temps.

417. **L'entomologie** ou l'étude des insectes peut être très-utile au cultivateur, qui a toutes sortes d'occasions pour communiquer aux entomologistes des observations exactes sur les mœurs des insectes. Du reste, des observations de ce genre, pour être d'une grande précision, ne sont pas chose bien facile ; aussi les entomologistes ne rendent-ils pas un médiocre service à l'agriculture, puisqu'ils font connaître les moyens de détruire les insectes nuisibles et de s'opposer à leurs ravages, qui parfois sont extrêmement considérables. Le cultivateur anglais surtout, a dû faire dans ses champs et ses bois les plus tristes expériences de la rage de destruction qui les anime, puisque le climat de l'Angleterre est particulièrement favorable au développement des insectes ; et quoique les entomologistes de ce pays soient d'excellents observateurs et très-adroits dans leur partie, cependant les diverses tentatives qu'ils ont faites pour se rendre maîtres de la vie tenace des insectes, sans nuire en même temps aux récoltes, n'ont été couronnées jusqu'à présent que d'un médiocre succès.

418. **Art vétérinaire.** — Cette science en se répandant a beaucoup contribué au perfectionnement de l'éducation des animaux domestiques. Il y a peu d'années encore, on laissait le bétail dehors, exposé à toutes les intempéries de l'air et on lui distribuait la

nourriture d'une main avare, et les conséquences d'un système si pitoyable furent que des maladies mortelles et des épizooties décimaient annuellement les troupeaux. L'art vétérinaire a appris au cultivateur qu'en tenant le bétail trop froid, l'action vitale de ses organes s'en trouve troublée et que si, en outre, on lui distribue une nourriture parcimonieuse, on lui ôte la force de produire de la chaleur propre et intérieure et de préserver son corps du froid par des couches notables de chair et de graisse. En peu de temps, l'art vétérinaire a réalisé des progrès tels qu'il est actuellement à la hauteur des sciences médicales.

419. Tout en recommandant instamment aux cultivateurs de chercher à acquérir des connaissances en médecine vétérinaire, je suis loin de prétendre qu'ils doivent se faire vétérinaires. Que chacun reste dans sa profession. Mais il n'est pas douteux que quelques notions sur cette science ne puissent rendre de grands services au cultivateur, puisqu'elles le mettront à même de découvrir assez à temps les symptômes des maladies qui affectent son bétail et d'y remédier sur-le-champ par des médicaments qu'il trouve à sa disposition, en attendant l'arrivée de l'homme de l'art. La mort d'une seule tête de bétail est déjà une perte bien sensible pour le cultivateur, et cependant il peut facilement parvenir à détourner le mal et à empêcher que son troupeau dépérisse trop fort, par l'une ou l'autre maladie, s'il possède les principes généraux de la mé-

et la pleuropneumonie exerçaient jadis de grands ravages dans les étables de plusieurs cultivateurs. Cependant il est possible de les arrêter et même de guérir ces maladies quand elles ne sont qu'à leur début. Abriter convenablement les animaux dans des logements sains, leur distribuer en tout temps une abondante nourriture, et avoir l'œil sur tous les symptômes précurseurs de tel ou tel mal, sont les moyens les plus sûrs de s'y opposer très-efficacement.

421. Anatomie comparée. — Elle nous explique la structure intérieure et les fonctions des organes dans les vertébrés, c'est-à-dire les animaux qui ont une colonne vertébrale, et qui par conséquent appartiennent aux êtres dont l'organisation est la plus parfaite. Pour l'étudier, il n'y a pas de meilleur moyen que de la faire marcher de pair avec l'art vétérinaire, qui s'occupe plus particulièrement de l'organisation des animaux domestiques; mais pour que sa connaissance devienne plus claire, on doit absolument se familiariser avec la structure du corps humain; car, en partant de là, les organisations inférieures se comprennent aisément. Pour le cultivateur, l'étude de l'anatomie comparée a cela d'utile qu'elle lui apprend à connaître l'ostéologie de tous les animaux sur lesquels s'exerce son industrie, et qu'elle lui fournit en même temps des indications sur les parties du corps animal où la plupart des maladies ont leur siége.

422. Ce sont donc là les sciences physiques dont les principes trouvent le plus d'application en agriculture, et qui par conséquent doivent être étudiés de tout cul-

tivateur qui a le désir de se perfectionner dans sa partie. Cette étude n'a rien qui dépasse sa portée, c'est ce qui ressort clairement des observations suivantes de John Herschell : « Il n'est pas d'homme, doué d'un jugement sain, qui, quand il en a la ferme volonté, ne puisse arriver à la possibilité d'apporter son tribut au trésor commun de la science ; pour cela, il n'a qu'à observer avec ordre et méthode certaines classes de faits qui captivent le plus son attention, ou que les circonstances dans lesquelles il se trouve lui permettent d'étudier avec le plus de succès. Pour donner un exemple où des observations combinées, faites dans un grand nombre de lieux et dans les contrées les plus éloignées, peuvent seules réaliser de véritables progrès, nous citerons la météorologie, une des branches les plus compliquées, mais aussi des plus importantes des connaissances humaines, et à laquelle tout homme qui veut suivre des règles sûres et y mettre toute l'attention voulue, peut rendre de véritables services. Mais on doit être très-circonspect dans la déduction des conséquences à tirer de ces observations ; car on risque de tomber dans l'erreur, qui consiste à se laisser aller à l'impression que deux ou trois phénomènes marquants ont produite en nous, et d'arriver par conséquent à des suppositions tout à fait fausses, au lieu de soumettre à un examen détaillé et judicieux l'ensemble des phénomènes qui ont été observés.

L'esprit humain, en effet, est tellement enclin à ces jugements insolites, qu'il n'y a rien de plus commun

donner le pourquoi du moindre fait qui vient les frapper,
et qui pour cela entassent les choses les plus incohé-
rentes, en établissant les analogies les plus étranges
auxquelles ils se confient sans réserve. Il est donc de
la plus haute importance qu'en commençant à observer
de semblables faits, on se renferme dans ceux dont les
conséquences rationnelles ne souffrent aucune difficulté.
Mais ce qu'il y a de fâcheux, c'est que nous avons
rarement le choix dans le domaine de la philosophie
de la nature ; car nous devons prendre les phénomènes
tels qu'ils se présentent. Eussions-nous même à notre
disposition un catalogue où ces faits seraient classés
alphabétiquement, nous devrions encore commencer
par les connaître et les comparer les uns aux autres,
avant d'être à même de pouvoir dire quels sont les cas
les plus favorables à nos observations dans les circonstances où nous nous trouvons. Ajoutez à tout cela
qu'il n'est pas rare que nous nous agitions longtemps
en vain, et que nous marchions dans l'obscurité jusqu'à
ce qu'enfin, accidentellement et d'une manière tout à
fait inattendue, il se présente un cas qui tout à coup
nous permet de jeter un regard clair sur le problème
dont nous poursuivons la solution. » (Herschell, *Dis-
course on the study of natural philosophy*.)

FIN.

TABLE DES MATIÈRES.

FIN DE LA TABLE.